被害の原因は「間違った知識」にあった！

本当に正しい鳥獣害対策Q&A

江口祐輔 著

誠文堂新光社

はじめに

全国各地で野生動物による農作物被害を目にするたび、複雑な気持ちになります。被害対策に対する正しい知識がほとんどなかった20年前とは違い、現在は様々な対策技術があります。しかし、被害が発生しはじめた地域では有効な情報が届かず、何もできないまま被害に遭ってしまうことがあります。また、被害対策をしているにも関わらず、間違った情報や昔ながらの動物の噂話を信じてしまい被害に遭う現場や、正しい被害対策の情報を知っていながらも、ちょっとした手抜きや勘違いで被害を受ける現場も存在します。

私は、農家さんが行う被害対策を見ながら、「惜しい、ここさえ改良すれば守れるのに」、「私がイノシシだったらここを狙うなあ」、「正しい対策を行っているのだから、週一回だけでも点検さえすれば守れるのに」など、様々な思いをめぐらせます。

本書は被害対策や野生動物について、間違った情報や、これまで信じられてきたことが実は違っていたことなどをQ&A方式で皆さんに伝えていきます。私も動物の行動研究（エソロジー）をはじめてから25年を超えました。イノシシをはじめ、サルやハクビシン、アナグマなど、様々な動物の運動能力、感覚能力、学習能力や繁殖行動を研究し、新しい発見や意外な素顔を動物たちの行動から教えてもらいました。また、被害現場における人間の心理や行動も学びました。

被害対策には「コツ」があります。「被害対策ってこんなに簡単だったんだ」とおっしゃる農家さんがいれば、「何をやっても無駄だ」と言い張る農家さんもいます。なぜこのような違いが起こるのでしょうか。カギは過去の常識を覆す情報を受け入れられるかどうかと、「やってみよう」と行動する実践力にあると思います。

本書のQ＆Aの回答は、心から被害を減らしたいと考え、日々現場に寄り添い研究に励んでいる研究者や現場担当者の方々の知見も盛り込ませていただいています。本書から被害対策の「コツ」を感じていただき、明日からの被害対策に少しでもお役に立てることができれば幸いです。

江口祐輔

もくじ

第1章

鳥獣害対策の基本

被害対策を行う前に知らなければならないことがたくさんあります。
被害はなぜ起こるのか？　本章では被害の現状や原因とともに、
野生動物への誤った認識、間違った対策について解説します。

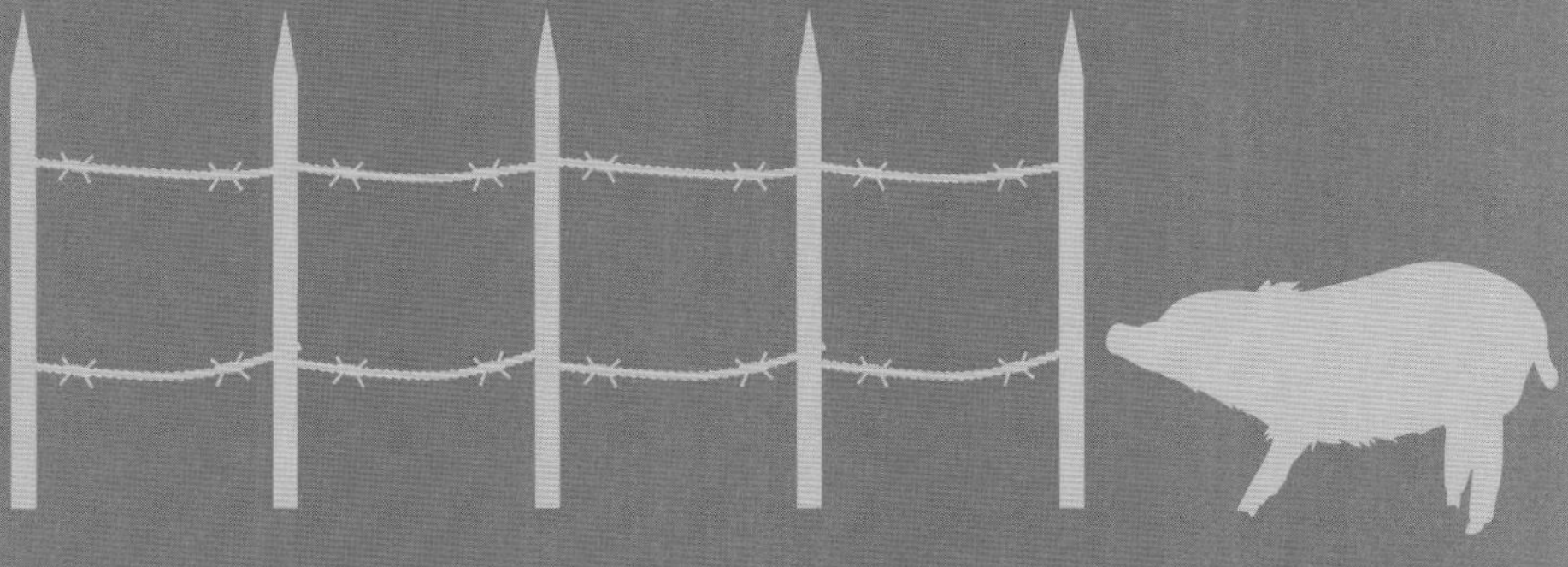

鳥獣害対策をはじめる前に

被害はなぜ起こるのか

被害を減らすためには、順序が重要です。

1 まずみんなで勉強
2 野生動物が嫌がる環境作り
3 野生動物の行動を考慮した柵の設置
4 加害個体を対象にした適正な捕獲

まずは正しい知識を身をつけて、地域で同じ方向性を持つことが大事です。ここで特に重要なのは、どうして野生動物が人里や農地に出てくるのかを理解することです。一般的によく言われているのは、「山に餌がなくなったから腹をすかして人里に出てきた」とか、「地球温暖化によって数が増えて山から溢れ出した」などの意見です。ところが、詳しく野生動物の行動を調べてみると、一番大きな要因は、野生動物が繁栄するための最高の餌条件が人里に整っていることに、彼らが気づきはじめたからということが分かりました。

本来の野生動物の生活とはどんなものでしょうか。厳しい自然環境の中を生き抜く姿を想像するのではないでしょうか。寒さに凍え、餌のない冬場や、砂漠、乾季の草も生えない大地で、あるものは死に、生き残ったものだけが春を迎えられ、子を生む姿を想像する方も少なくないでしょう。

そのような野生動物が望む餌場環境とはどんなものでしょうか。「一年間を通しておいしく、大量に、高密度に、そして確実」に餌がある環境ではないでしょうか。私たち人間も昔は狩猟や採取をしながら食物を得てきました。しかし、そのような生活では安定的な暮らしができなかったため、人間は知恵を使い、確実に、高密度に、大量に、そしておいしく餌を得られるように農耕文明を築き上げました。まさに野生動物が望む最高の餌環境と一致します。この数十年で人間の生活に劇的な変化が起き、野生動物が集落に入りやすくなりました。野生動物は餌を見つけたから来るのです。

野生動物がやってくる一番の要因が分かればそれを除去すればいいのです。人里において野生動物の餌となるものを見つけ除去していきます。彼らにとって好ましくない環境にしていきます。

捕獲に頼らない対策を

農作物は除去するわけにはいかないので、守らなければなりません。動物の侵入行動についても勉強した上で柵を張ります。柵の点検保守も忘れずに行いましょう。これらの対策を行った上で捕獲を行います。やみくもな捕獲ではなく、加害個体を対象とした捕獲です。やるべき対策の順序を間違え、最初から捕獲に頼ってしまうと、なかなか被害は減少しません。

農地は野生動物にとっても最高の餌環境

くり返し張れるネットの研修風景。こういった取り組みで学ぶことは非常に重要

Q 山にどんな動物がどれほどいるのか知ることは可能？

A とてもむずかしい質問です。山にどんな動物がいるのか、ある程度なら把握できます。ふんや食痕、足跡から推測ができ、頻繁に山に入る人であれば、直接動物を見る機会もあるでしょう。また、鳴き声で、鳥類やシカ、サルなどの存在も確認できるでしょう。

しかし、すべての動物を知るのはむずかしいことです。野生動物は警戒心が強く、少しの環境の変化によって近寄らなくなったり、棲む場所を変えてしまうことがあります。研究のため、山に多くのカメラを設置してもすべてを撮影することは不可能です。考えてもいなかった動物がカメラに写って驚くこともありますが、山にいる動物種を100％知ることは哺乳類に限って調べてもむずかしいでしょう。しかし、山の動物がすべて人里に来て農作物を食い荒らすわけではありません。被害対策で重要なのは、人里にどんな動物が出てくるのかを知ることです。

さらにむずかしいのは、動物を数えることです。野生動物は人に会いたくないというのが基本です。人から隠れて逃げる動物を直接数えるのがいかにむずかしいかは分かっていただけると思います。過去には熱を感知する高性能なサーモグラフィーのカメラを飛行機やヘリコプターに搭載して、雪の中にいるシカを直接数える研究もされていましたが、莫大な費用がかかることと、シカの体温との温度差が大きい環境、すなわち積雪があるような冬場が望ましいことや、シカを直接カメラにとらえるために、山の樹木が落葉樹である必要があります。そのため、冬でも葉が落ちず、空から野生動物が確認できない西日本では利用できないこともあり、残念ながら実用化されていません。

現在、野生動物を数える主な手法はふんなどの痕跡から頭数を推定する方法です。シカの場合、ふんの量から推定するのが主流ですが、土の状態や、日照時間、降雨量など、様々な要因により、ふんが消失していく状況が地域によって変わるため、誤差が大きいのです。また、糞虫（フンコロガシ）の数もふんの消失に大きく関係します。特に昆虫は環境温度が数度違うだけでその数が劇的に変化しますから、シカの頭数を数えるのは推定の推定、そのまた推定の域を出ないのです。

Q 人里で動物は何をしている？

A 野生動物が人里にやってくる大きな目的は2つあると考えられています。1つはもちろん餌探し、もう1つは安全な潜み場所の利用です。

野生動物は、餌探しをやみくもに行っているわけではありません。人里に餌があると確信した個体が人里に来るのです。かつては人が利用するために植えた山沿いのクリ、カキ、ビワなど、今は誰も利用しなくなった実を動物たちが見つけます。こうして人里の境界付近で野生動物はとてもおいしい餌の存在を学んでいきます。

さらに、人里との境界にあたる林縁部には田畑や耕作放棄された茂みが存在します。野生動物はこの茂みを好みます。野生動物が茂みの中でじっとしていると、人間に気づかれることはほとんどありません。

そればかりか、茂みの中からは外側の環境がよく見えます。昼間、レースのカーテンがかかっている部屋の中はよく見えませんが、部屋の中から外はよく見えますね。茂みもこれと同じ環境になっています。

つまり野生動物にとって外から見えにくいため人間に見つかりにくく、逆に周囲の人間をよく観察できるということです。茂みは野生動物にとって隠れ場所、潜み場所としては最適な環境になっています。

人間に見つからない拠点が人里にあり、その周囲においしい餌がある。野生動物は、人間がその存在に気づくずっと前から、すでに人里を利用しているのです。

Q 野生動物を数えなくても被害は防げる？

A 例えば、勝手口からアリが侵入し、台所の床に落ちた角砂糖を見つけます。そのうち、アリは続々とやってきて長い行列を作ります。昔はよくある光景でした。

そこで私は、「まず、アリが何千匹台所にいるのか数えて、いやいや、台所だけではだめだ、日本にこのアリが何億匹いるのか数えてから……」、なんてことは絶対にしません。私たちはまずアリが集まってきた原因を見つけ、それを取り除きます。そう、角砂糖を拾い上げ処理します。

これで、アリは諦めて巣へ戻っていきます。ゆっくり待っていられない私は箒で一気にアリを外へ掃き出してしまうでしょう。

また、台所でハエが飛んでいたらどうでしょうか。「まずハエが何匹集まっているのか数えて、ご近所でハエ対策協議会を立ち上げて……」なんてこともやはりしません。最初にやるべきことは、普段当たり前のようにやっているようなことだと思いますが、ハエが発生する原因となった生ゴミの処理です。そして台所に居座るハエをスプレーでシューッと一吹きするかもしれません。窓が開いていたら閉める、あるいは網戸を使います。どうでしょう、数を数える必要ありそうですか？

どちらの例も共通してやることは、まずアリやハエを誘引するもの（食べ物）を除去することでした。そして、追い払いです。ハエの場合、殺虫剤で殺すこともあるかもしれませんが、この場合、台所にいたハエ、すなわち、侵入してきた加害個体だけです。農作物の被害対策も同じ考え方で実行できるのです。

Q 野生動物による被害は昔もあった？

A 「今まで、イノシシなんかいなかった、この地域で野生動物なんか見たことなかったのに！」こんな意見をよく聞きます。

確かに今生きている方々は数十年間野生動物を見たことがなかったかもしれません。しかし、さらにさかのぼって調べてみると、イノシシやシカなどの農作物被害に遭っていた地域はたくさんあります。

江戸時代の書物を調べても、全国各地で被害があったことが記録されています。数百年前には青森でイノシシ被害による飢饉が起きて、多くの命が奪われています。屏風図にも江戸で民家の近くにシカが出没しているところが描かれたり、田畑で農作物を荒らすイノシシやシカが描かれています。なかには畑に座り込んで休息しているシカもおり、図々しく慣れてしまっている様子がうかがえます。

Q 昔の人はどのような対策をしていた？

A シシ垣をご存じでしょうか。イノシシやシカなどの野生動物の侵入を防ぐために、集落や田畑を囲うように作られた石垣です。日本全国にシシ垣の跡が残っています。しかし、このシシ垣はある程度の被

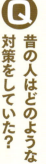

害防止効果はありましたが、野生動物の侵入を完全に防いでいたわけではありません。石を積み上げていますので垣の壁面はでこぼこしており、野生動物の足がかりになるので、登ってくる個体もたくさんいました。

　昔は今のように様々な産業が発達していなかったので、多くの住民は農家です。当番制で寝ずの番なども行い、集落の見回りをして野生動物の侵入を防いでいました。皆が同じ意識を持ち協力していました。これは非常に効果的だったようです。

　しかし、現在では人は様々な職業に就き、農家の戸数は減っています。少ない人数の上、高齢の方が頻繁に寝ずの番をするというのは無理があります。

　そこで、私たちは昼間に柵を張ったり、農地周辺の隠れ場所となる茂みの草刈りをします。そして昔の人が寝ずの番をして見回りをした代わりに、昼間に柵のメンテナンスを行うのです。柵のメンテナンスをさぼるということは、寝ずの番をしないで動物に侵入されてしまうシシ垣になってしまうということです。

江戸時代の人々が築いたシシ垣

Q　いくら捕獲しても畑を荒らす動物が次々と出てくる

A　私たちは野生動物が本能的に生きると考えがちですが、イノシシやシカ、サルなどの大型野生動物は優れた学習能力を有しています。また、魚類や昆虫類の多くが生みっぱなしで子育てをしないのに対して、哺乳類は一定期間きちんと子育てを行い、親子間でコミュニケーションもとります。

　例えば、イノシシの子供は生まれて2週間程度は母乳だけに依存します。その後も栄養のほとんどは母乳から取りますが、少しずつ母親の食べるものを口にし、見よう見まねで食べ物を覚えていきます。イノシシが集落内の餌（放任果樹やくず野菜、余剰収穫物や種イモ）を覚えると、栄養価も高く味も良いこれらが食生活の中心になっていきます。生まれた子供は母親の食べ物をまねするわけですから、最初から集落内の餌を主食として学習します。加害個体を増やさないためにも、野生動物の餌となっている物を集落からなくしていく環境管理が大切です。

Q 地域の猟師が捕獲してくれず被害が減りません

A たまたまこの地域では野生動物の捕獲頭数が増えていないのかもしれませんが、日本ではこの10年間でイノシシもシカも捕獲頭数が何倍にも増えています。

ところがそのような地域でも被害は減っていません。獣類の捕獲頭数は4倍以上に増えていますが、被害は減るどころか増えています。たくさん捕獲しても漠然と頭数だけ考えた捕獲では被害は減りません。捕獲に頼らない被害対策を、基本に忠実に行うことが被害を減少させる近道といえるでしょう。

Q 地球温暖化によって野生動物が増えたというのは本当か？

A 地球温暖化によって、野生動物の分布が広がり、数も増えたのではないかとよく質問されます。そこまで大きな問題にしなくても、餌と繁殖の関係で野生動物の増加について説明できます。無理に地球温暖化に原因を求める必要はありません。気温などの環境条件は様々なことに影響を及ぼしますので、間接的に個体数増加に関係することは否定できませんが、地球温暖化という大きなトピックで括ると正しい被害対策に至りません。

例えば、積雪量が減ったから野生動物が増えたと言われることがあります。もちろんそのような事実はあるかもしれません。

しかし、ある地域では「前は50㎝も積もっていたのに、最近は20㎝程度しか積もらなくなったのでイノシシが出てくるようになった」と聞きましたが、また別の地域では「いつも1m以上積もっていたのに、最近は50㎝になってイノシシが出てくるようになった」と言われました。矛盾しませんか？

地球温暖化の影響なら、どの地域も同じ積雪量になったときに出没しても良いはずです。

　また、積雪量がよく言われるのは、イノシシが積雪30㎝以上の場所ではうまく移動できない、と言われていたためだと思われます。しかし、最近では岩手など、それ以上の積雪のある場所でイノシシが身軽に移動しているのが確認され、猟師さんを驚かせています。

Q 鳥獣害対策の研修に何度か参加したが、講師によって話が違う誰の話を信じればいい？

A 研修の講師は大学の先生や、県、国、独法の研究者など様々な肩書きの方がいます。「鳥獣害」は野生鳥獣によって収穫できるはずの作物が食べられ、収穫量が減ってしまうという問題です。すなわち収穫が阻害される問題なので、これを解決して収穫量を増やさなければいけません。

　農業の問題であるにも関わらず、「鳥獣害」という言葉が一人歩きして野生動物の問題となり、鳥獣害対策研修の講師に動物学者ばかり呼ばれる傾向があります。私はもっと鳥獣害を真剣に考えている栽培の研究者や普及に携わる方が、こうした研修の講師になってほしいと思います。

　動物の研究者の中には動物のことだけ話して農業のことを全然知らず、1度も作物を栽培した経験のない方も多く見受けられます。農家さんの潜在能力を知らないため、すぐに捕獲や補助金を使うことを提案します。

　10の農地があれば10の対策があります。しかし、抽象的な話や海外の事例ばかりで、具体的な話のない研修や、農家ができる具体的な対策がない場合、栽培に関して共感できる話がない場合には注意が必要です。

　また、他人の研究を自分でやったかのように話す方もいますが、自分の目で現場を見ていないので、皆さんの農地で起こっている具体的な質問に答えることができないでしょう。このような観点から研修講師を皆さんが評価してください。

　100人も200人も集まるような研修会も期待する効果は生まれにくいでしょう。多くの人の前で、自分の田畑について質問するのはとても勇気のいることです。質問したいことがたくさんあるのに、恥ずかしくて質問できないこともあります。多くても数十人の研修会を選ぶとよいでしょう。もちろん現場研修があればさらに良いと思います。

鳥獣害に対する大きな勘違い

「都市伝説」ならぬ「農村伝説」

「都市伝説」という言葉を聞いたことがありますか。これは、近代あるいは現代に広がったと考えられる口承の一種で、信用性の低いものとされています。大判の辞書にも「口承される噂話のうち、現代発祥のもので、根拠が曖昧・不明であるもの」とあります。有名な都市伝説の1つに、「某社のハンバーガーにはビーフではなくミミズが使われている」というのがあります。誰かが科学的に証明したわけではなく、ひき肉の製造過程で、ウシの太い血管がミミズのように見えてしまったり、ひき肉を作る機械からミミズのように細長くミンチされた肉が溢れ出てくるのを見て、ミミズのようだと思われてしまったことが噂になり、いつの間にか都市伝説になってしまったようです。都市伝説になった理由を知ってしまうと、「なんだ、そういうことだったのか」と納得できると思います。

実は野生動物に関する情報においてもこのような噂が蔓延しています。私はこれを「農村伝説」と呼ぶことにしました。

例えば、「シカの母親が双子ばかり生むようになったから個体数が増加して被害が増えた」という情報は農村伝説です。実際にシカの繁殖状況を調べても双子率が高くなったデータはありません。今も昔もシカは1回の出産で1頭ずつ生むのが基本で、双子が生まれるのはまれなことです。生息数が増え、シカを目にする機会が非常に増えました。子鹿は子供同士で遊ぶことも多く、二頭が一緒にいるところを目にすることも増えたのでしょう。これを双子と勘違いするようになったのではないでしょうか。

また、「足の白いイノシシは全てイノブタだ」も昔からの農村伝説です。ブタは白いため、イノシシの体の一部が白いと、ブタの血が混ざっているからだと考えられました。しかし、ブタの祖先種はイノシシです。野生のイノシシでもまれに体の全体や一部が白い個体が突然変異などによって生まれます。白い個体は敵に見つかりやすく、生存に不利で、遺伝的に体も弱いかもしれません。

ところが、家畜化によって人間に育てられると、毛色の変化は珍しいと喜ばれ保護されました。白いイノシシが生まれるからこそ今のブタがいるのです。

農村伝説に惑わされてしまうと正しい被害対策を選択できなくなってしまいます。

シカが双子ばかり産むようになったというのは嘘

土を掘って餌を探すイノシシだが、ミミズは大好物ではない

サルは手を伸ばすことができるが物を上から投げることはできない

Q イノシシがマムシをすべて食べるからイノシシがいる場所にマムシはいない？

A この噂は自信を持って語られることが多いですね。実際にイノシシを見かける地域ではマムシなどのヘビを見かけなくなることが多いようです。ところが、どうしてこのようなことが起きるのかは明らかにされていません。噂では、イノシシがマムシをよく食べるからマムシがいなくなると言われています。

そんなによく食べるのなら、イノシシのふんにマムシの痕跡（骨や皮や鱗など）が含まれているはずです。

ところが、イノシシのふんにはマムシがいなくなるほどの痕跡が残されていません。イノシシは本当にマムシなどのヘビを好んで食べるのでしょうか？

私たちは捕獲した何頭ものイノシシにくり返しマムシやヘビを与えましたが、食べてくれませんでした。イノシシにとって、マムシもヘビも大好物だとはいえないという結果になりました。

イノシシは餌を探索するために土を掘り返したり、石を転がしたりします。このようなイノシシの行動は、土を耕し、土中に空気を含ませることになるので山の生態系にとっては良いことでしょう。しかし、土の中や石の間に潜むマムシなどのヘビにとって、イノシシは快適な生殖環境を破壊する嫌な相手なのかもしれません。イノシシが増えるとマムシがいなくなるのは、マムシの生活環境が荒らされ、他の場所へ移動するからなのかもしれません。

Q サルの好物であるバナナを使ってサルは捕獲できない？

A 日本人はサルがバナナ好きと子供の頃から歌や絵本などで刷り込まれています。しかし、みなさんが幼少時に見たバナナを食べるサルはニホンザルではありません。そもそも日本の山にバナナの木があることもまれでしょうから、野生動物であるサルの餌になっていません。

バナナは甘くて栄養価も高いので、自生している地域のサルは喜んで食べ、飼育されているサルもバナナの味を学習して好きになります。バナナでサルを捕獲したいのであれば、捕獲対象の個体にバナナがとてもおいしいことを学習させてからでないと捕獲はむずかしいでしょう。

農作物を荒らすニホンザルはタマネギやニンジン、ジャガイモなどの味を学習しているので、これらを使った方が、捕獲効率は上がるでしょう。まさにカレーの具ですね。

Q 野生のサルがネコを襲うニュースを見ました。自宅のネコが心配です。どうすればいい？

A　サルは本来、ネコを襲う動物ではありません。ネコを襲う理由ができてしまったのです。人間は動物に餌をやるのが好きですね。スズメやハト、ネコ、川や池のコイなどに餌を与える人がいます。動物園でも餌をやるコーナーがあります。観光地の庭園ではコイの餌を売っているところもありますので、餌づけの影響を考える機会が少ないのかもしれません。ニュースではサルがネコを襲うことにフォーカスしていたようですが、この問題は人間が引き起こしたのです。

サルが集落内に侵入する一番の理由は餌があるからです。最初は取り残したカキ、クリ、ビワや生ゴミなどに誘われてやってきたのかもしれません。そして、集落内に点在するネコの餌に目をつけたのでしょう。キャットフードやドッグフードは栄養価が高く、野生動物も好みます。飼いネコは自由に動き回ることができるので飼い主以外からも餌をもらうことが多いですね。このような習慣がサルにネコの餌を覚えさせ、狙われるようになったのです。サルはネコの餌を奪うために威嚇し、次第に、餌のそばにいるネコが邪魔で排除すべき対象に変わったのでしょう。

動物の行動だけを見るのではなく、その周辺で起きている人間の行動も考慮することによって、現在起きている野生動物の行動を理解することができます。

Q サルがいるところにはイノシシがいない？

A　答えはノーです。全国各地でイノシシやシカ、サルの被害が同じ地域で起こっています。サルのいるところにはシカがいないとか、シカのいるところにはイノシシがいない、またはその逆の話も聞くことがありますが噂にすぎません。

質問のような噂が出る地域は被害歴が比較的短いところや、被害が発生するまで、サルまたはイノシシが生息していないと考えられてきた地域が多いようです。

　例えば、イノシシの被害があった地域に、新たにサルの群れがやってきた場合、一時的にイノシシの被害がなくなる場合があります。今までに見たことがないサルの群れがやってきたことでイノシシは警戒し、一時的に行動を変化させます。しかし、サルの存在が自分たちにとって危険な存在ではないことを学習すると、再び、何事もなかったかのように田畑に現れるようになります。

Q 田畑の周りで家畜を飼うと野生動物は近づかない？

A よく勘違いされてしまうのですが、もともとイノシシやシカ、サルなどの大型野生動物が家畜を怖がることはほとんどありません。田畑周辺で家畜を飼うと、耕作放棄地や茂みの草を草食動物であるウシやヒツジ、ヤギなどに食べてもらえるため、

1 畑周辺の見通しを良くして野生動物の出没を発見しやすくする
2 野生動物の隠れる茂みを解消して田畑周辺から遠ざける
3 潜み場所がなくなることにより、田畑へ近づく野生動物の警戒心を増幅させる

などの効果があります。したがって、野生動物が家畜を怖がって近づかなくなる効果は最初から期待していません。

　というのも、私たちの研究グループがすでにイノシシが家畜を怖がらないことを研究で明らかにしているからです。これまでにイノシシにウシや、ヤギなどを対面させてその反応を調査しましたが、イノシシが逃げたり、興奮するようなことはありませんでした。また、アフリカのシマウマやイボイノシシなどが草原や水飲み場（沼）などで一緒にいるところをテレビで見たことがあると思います。数m離れてお互いの生活を干渉しなければ何も問題ないのです。ウシやヤギに対するイノシシやシカの行動も同じことなのです。

　しかし、動物は互いの力関係は把握しています。仮に一ヵ所の餌を食べなければならないとしたら、イノシシはウシが食べ終わるまで近くで様子をうかがい、ウシがその場を離れると餌場に近づき摂食します。同様にイノシシが食べている間、今度はタヌキが様子をうかがい、イノシ

シが食べ終わるのを待ちます。この光景は今までに何度も観察しています。無駄な争いには発展しません。

　したがって、餌を横取りされる心配がなければ、イノシシが近くを通過してもウシは気にしません。一方、環境が人や家畜によって管理され、田畑周辺の茂みが解消されると野生動物の出没が減少します。

Q シカをよく見かけるようになりました。人間を襲いませんか？

A シカやイノシシが増えていると新聞やニュースなどで目や耳にすることが多くなりました。その影響でしょうか、農家さんや一般の方から「シカに出会ったら襲われますか」と質問されるようになりました。

　私が知る限り、最も凶暴な（？）シカは、皆さんに親しまれている奈良公園のシカです。人に近づき、服の裾やカバンを引っ張ったり、子供や小柄な人に対して背後から前足を振り上げて押し倒すこともします。こんなに大胆なシカは山の中にはいません。立派なシカの角を見て、この角で襲われたら怖いなあと想像してしまうのも無理はありませんが、人を襲ってくることはないので安心してください。

　雑食性や草食性の野生動物において特に重要なのは、目の高さです。自分より目線が高い動物に対しては、相手の方が強いという感覚を持つようです。ニホンジカの目線は高くてもせいぜい1m程度です。したがって、シカは人間を恐れます。

　では、奈良公園のシカはどうして大胆なのでしょうか？

　それは人間を知り、人間をなめてしまったからです。人間は自分たちに危害を加えないで餌をくれる。餌が欲しいときにちょっかいをかけると、人間が驚いて逃げたり、慌てて餌をくれたりする。きっとシカの方が人間より強いかもしれない、と彼らに感じさせてしまったからです。

Q 餌を減らせばシカが減るという考えは誤解？

A 餌が少ない現状において高妊娠率を依然と保っている事実がある。つまり、「餌量が豊富になっても、現状以上に妊娠率は上がらないのでは？」という意見があります。

　しかし、このような意見には見落

としがあります。山に餌はないのですが、集落内の豊富な餌の存在を考慮に入れていないのです。

また、ある程度まで餌が減っていても、子供の生存率も妊娠個体の健康状況（乳汁、体型）も良好な状態の地域があります。これは農林業被害を起こすことによって餌の確保ができているためです。餌がない場合、繁殖に影響が出るのかどうかは閉鎖環境にある金華山（宮城県の太平洋上に位置する島）のデータを見れば明らかです。ここは餌環境に乏しい場所で、5〜6歳のメスでも妊娠率は60％程度です。

また、体重が維持できない場合、毎年連続して妊娠できないスキップ現象が起こります。さらに初産年齢となる2歳については、本州内の餌の乏しい環境において2歳のメスの妊娠率は30％であり、餌の豊富な環境では70％であったとする調査もあります。

なぜイノシシはタケノコが大好きなのでしょうか？

竹林に行くと、イノシシが地面を掘り起こし、タケノコを食べた痕跡を見ることができます。暖かい地域では12月から地中に埋もれているタケノコを食べるようになります。涼しい地域では初夏までイノシシはタケノコを探します。

畑ではイノシシがまるで一面を耕したかのような掘り起こしが見られるのに対して、竹林ではピンポイントでタケノコの場所を探し当てるように穴があきます。イノシシは高い確率でタケノコを見つけることができるようですが、どのような匂い成分に反応しているのか、まだ分かっていません。ただ、この時期に、イノシシはタケノコを好んで探しているのは間違いなさそうです。

しかし、イノシシは雑食性で様々なものを食べます。さらに人間のように食物の保存技術を持たないため、年間を通して同じものを食べたり、一定量食べることができず、季節に応じて手に入る餌を探さなければなりません。地域差はありますが、一年間で最も餌の質と量が劣るのは冬です。12月頃から春先まではイノシシにとって厳しい餌環境になります。この厳しい季節の救世主となる大切な栄養源がタケノコです。早ければ11月頃から地中で成長しているため、餌がめっきり減ったイノシシはこれを見逃すことなく手に入れます。

イノシシが竹林に集まりタケノコ掘りが行われるので、イノシシの大好物と考えられますが、餌の選択肢が少ないので、タケノコが大好物に見えてしまう可能性もあります。

Q イノシシはミミズを捕まえるために地面を掘っている？

A イノシシが鼻で地面を掘る行動はよく知られています。まず、餌を見つけるために土を掘ります。植物の地下茎（根）をガムのように噛んで栄養分を摂取したり、イモを食べたりします。土中のミミズや幼虫なども食べます。イノシシが土を掘る一番の目的は大好物のミミズを捕まえるためという意見もありますが、イノシシはそれほどミミズをおいしいと感じているわけではないことが分かってきました。イノシシが土を掘る行動をルーティング（Rooting）と言います。Rootの意味は根です。やはり、地下茎が一番の目的かもしれません。

他にも掘る理由はあります。休息する場所を作るために、楕円状に浅い穴を掘りそこで体を横にします。暑い夏は乾いた地面の表面を鼻で掘るように削って、湿った部分を出し、その上で横になります。体温を下げるために床暖房ならぬ床冷房を作っています。

また、とにかく掘りたい、どうしても掘りたい、という欲求もあるようです。これまでに多くのイノシシを観察、飼育してきた中で、理由もなく掘る行動を見てきました。コンクリートの床の上で、ひたすら掘るまねをする行動もよく観察します。

また、飼育下で生まれ、数年間コンクリート床の飼育施設で飼われていた個体を初めて土の運動場に移動すると、すぐに一心不乱に土を掘り続け深い穴をあけました。その間、何かを食べる行動はありませんでした。「掘りたい！」と感じているとしか思えない光景でした。

一心不乱に掘るイノシシ

間違った対策

広がる「間違った対策」とは

近年、科学的根拠のない、いわゆる「農村伝説」は動物に関することだけでなく、被害対策にまつわる間違った情報も増えてきました。いつの間にか間違った対策が広がってしまうのです。特に、音や光、匂いが持つ野生動物への忌避効果を狙った対策は基本的にすべて「農村伝説」と言っていいでしょう。

イノシシは夜行性の動物だと長らく言われてきました。彼らは警戒心が強く、なかなか人前に現れない動物だったからです。イノシシによる農作物被害が拡大しても、ほとんどの場合は人が寝静まった夜間に被害が起こります。しかし、イノシシは本来明るい昼間を好み、安全な場所と認識できれば昼間でも活発に行動する動物です。人里にはイノシシが最も警戒しなければならない人間がいますから、彼らは最大限の警戒を示しながら人気のない夜間に行動し、「イノシシはいつも夜に田畑へやってくるから夜行性動物だ。きっと昼間の明るさが苦手に違いない。だから光を照らして追い払うことができるのではないか」と農家は考えてしまいます。そこで、光を使ってみるのですが、イノシシが来ないのは最初だけで再び被害が発生します。なぜ、このようなことが起こるか考えてみましょう。

本来イノシシは昼間でも活動する動物ですから光が苦手ではありません。イノシシが苦手で警戒すべき相手は人間です。しかし、人間は見回りもせず、農地を光で照らすだけの対策をします。イノシシは人間がいない、光で照らされた、農作物を探しやすい最高の環境を手に入れることができるのです。はじめは今まで暗かった環境に変化が起きたので、イノシシは様子見をしたのでしょうが、餌を探す上でよい環境になったことに気づけば、侵入をくり返します。

重要なのは時間をかけて知ること

野生動物の行動も短い時間の観察だけでは間違って解釈してしまう行動がたくさんあります。長い時間をかけて彼らを観察することで、彼らが何をしようとしていたのか、何をしたかったのかが分かります。農村伝説に惑わされずに野生動物の本来の姿を理解した上で被害対策を行いたいものです。

昼間でもイノシシは活発である

黄色いゴミ袋にカラス対策効果はない

研修会などに参加し、積極的に正しい情報を手に入れる

Q 蛍光ピンクのテープがイノシシの侵入防止に有効というのは本当？

A 最近、一部の地域でピンクのテープが流行しており、田畑の周囲に巻いたり、電気柵の上やネット柵に巻きつけているようです。蛍光ピンクのテープは視認性が高く、目立つため、測量現場や工事現場、植林、樹木調査などの目的に使用されています。被害対策に利用されているのもこのテープかもしくはそれに近いものだと思います。

結論から言うと、残念ながら忌避効果はありません。一部地域で流行しているということは、野生動物の侵入防止効果が一時的に認められているのでしょう。

しかし、それは忌避効果ではなく、新規物（目新しいもの）が置かれ、イノシシやシカが様子見をしているだけです。テープは怖くないけれど、環境が変わったことによって、他に危険が発生するのかどうかを見極めているのです。あくまでも一時的なものなので、すぐに慣れてしまいます。運が良ければ、様子見期間中に新たな標的（田畑）を見つけて移動してくれるかもしれませんが、すべての田畑でテープを使用すれば、このような効果もなくなるでしょう。

ピンクテープに特別な忌避効果はない

テープの使用方法ですが、ネットや金網柵と併用している場合であればそれほど問題はありませんが、テープだけで田畑を囲っている場合は早急に柵を張ってください。

Q 野生動物が匂いや光で逃げる映像を見ました。被害対策に使える？

A 質問のような映像をインターネットで発信するのは簡単です。どこにでもある紐やかまぼこ板1枚でも、イノシシやシカが恐怖する映像を撮影することができます。

私たちは安全がある程度保証された環境で生活しています。しかし、野生動物は違います。彼らの生息環境には危険がいっぱいです。天敵や人間に襲われる危険を常にはらんでいます。1つ選択を間違えば命に関わるのです。ちょっとしたケガでも餌を探せなくなったり、敵から逃げられなくなったりします。

野生動物は今まで経験したことのない新しい環境や、慣れ親しんでいる環境でもちょっとした変化があれば、その変化に対して過剰なほど敏感になります。見た目に恐怖を感じなくても、環境の変化が自分の身の安全にどう影響するのかを見極めようとします。

人に慣れている飼育個体でさえも紐を飼育施設内に張ったり、かまぼこ板のような小さい板を床に置くだけで驚いて逃げるような映像が撮れるのです。このような行動は野生動物が紐や板を嫌いだから忌避して逃げているのではなく、今後起きるかもしれない自分への危険の有無を確認するための行動です。ほどなく彼らは新しい環境に慣れ、何事もなかったかのように振る舞います。

したがって、野生動物が逃げたからといって、嫌いで忌避するものと判断はできないのです。目の前においしい食べ物があるにも関わらず、何度もくり返し長期にわたって逃げる行動が証明されなければなりません。しかし残念ながらそのような音や光、匂いも見つかっていません。

Q　研究者による論文で、匂いによる対策は効果があると読んだ

A　研究者の世界では、科学論文を書く時に数学的に裏づけされた差（有意差という）があるかどうかが重要になります。「匂いのない」条件と「匂いのある」条件において、「野生動物が餌を食べはじめるまでにどのくらい時間がかかるか」という実験をしたとします。

10頭の野生動物で調べた結果、8頭の個体は「匂いのある」の餌を食べはじめる時間が1分遅く、残り2頭はどの条件でも同じだったとします。この結果を統計計算すると、数学的に有意な差が発生します。科学的には2つの条件に違いがあると判定できるのです。

研究者は科学論文に、「匂いのある」条件は「匂いのない」条件と比較して有意に餌への到達時間が長くなり、匂いの効果が認められたと記述します。この表現は科学の世界においては間違っていないでしょう。

しかし、現場においては、たった

1分しか違わない結果では匂いの効果があるとは言えず、被害に遭ってしまいます。農地において効果ありと認められるのは、収穫ができたかどうかです。

　このように科学的な「効果」と現場での「効果」の意味がまったく違う場合があるので注意が必要です。

Q 猟友会の服をマネキンに着せたら追い払い効果あり？

A 最近、ある被害対策研修でマネキンの効果について、こんな話がありました。追い払いを毎日行うのは大変なので、追い払いの人が着るユニフォームをマネキンに着せて設置すれば、追い払いは1日おきでも効果があると述べていました。

まるで、マネキンに視覚的な忌避効果があるような話し方でしたが、動物側の気持ちで考えてみると、決してそういう理由から効果が得られたわけではないようです。

　追い払いは、生身の人間によるものにこそ、絶大な効果があります。同じ服を着せたマネキンを追い払い場所に設置しておけば、人による実際の追い払いは1日おきでも、その動物は服を着せたマネキンが本当の人間か人形か区別できかねて近づいてこない、ということです。このようなマネキンの使い方は良い方法だと思います。

　しかし、マネキン自体に忌避効果はありません。マネキンだけを置いておけば、動物はすぐに危険ではないものと判断をして、無視するようになります。生身の人間による追い払い効果が絶大なので、1日おきではマネキンの安全性に気づくことができないだけです。

　くり返しますが、人による活動に忌避効果があり、その活動を省力化するためにマネキンを利用しているだけです。人間の省力化はできますが、ものに頼りっきりの〝楽〟をすることはできません。

マネキンに効果があるのではない

Q 「忌避作物」という言葉を聞きますが、被害対策に使える？

A 「忌避作物」は、動物の行動に対する誤解から生まれた言葉です。野生動物によって田畑の色々な作物が食べられてしまうのに、ある作物はまったく食べられなかった経験がある方も多いでしょう。他のものは食べるのに、これだけは食べられなかった、きっとこれは野生動物が嫌いな食べ物で避けているに違いない、と考えられて生まれた言葉が「忌避作物」です。

例えば、トウガラシやピーマン、シソ、コンニャクなどがあります。では、田畑の周りをこれらの作物で囲んでみるとどうなるでしょうか。残念ながら、やっぱり野生動物は田畑に侵入し、内側のおいしい作物を食べてしまいます。もちろん、周囲に配置した作物は食べませんが、まるでこれらの存在を無視するかのように侵入するのです。忌避作物と期待したのに無視されるのです。野生動物が食べない「忌避作物」ではなく、野生動物が食べ物と見なしていない「無視作物」と考えた方が野生動物の行動からは妥当なようです。

私たちも畑の中のレタスやキャベツ、ハクサイを見ると、おいしそうだなと思いますが、その辺に生えている雑草や耕作放棄地の茂みを見てもおいしそうだとは思いませんね。食べ物とは見なさず、無視します。別に私たちは雑草を忌避しているわけではありません。言葉は悪いですが、どうでもいいものとして認識しています。逃げ出したくなる気持ちも起きません。

しかも、雑草でも集めて調理すれば人間でも十分に食べられるものの、おいしいものが存在します。野生動物も似たような感覚なのでしょう。どうでもいい、無視すればいいトウガラシやシソを通り過ぎればおいしい作物がある。野生動物にとって、ただそれだけのことです。

また、イノシシはトウガラシなどの辛み成分に対して人間より強いことも分かっていますので、やはり無視できる存在のようです。

Q モンキードッグはサルを追い払うが、サルはイヌが怖い？

A 条件によっては、ニホンザルはイヌが恐いと感じるかもしれませんが、イヌとサルの普段の生

低樹高栽培はサルにとってうれしくない

活場所を考えるとそんなことはありません。サルは樹の上で過ごすことができ、普段の生活も樹に囲まれた環境がほとんどでしょう。したがって、木を登ることのできないイヌを恐れる必要はないのです。

　もちろん、サルとイヌが闘争すれば、無傷で済むことはないので、イヌが近くに来たらサルは逃げます。しかし、木に登れば確実に危険を回避できるので、私たちが考えているほど、恐怖を感じていないサルもいると思います。広い平地でサルがイヌと出会えば、身の危険や生命の危険を感じるでしょう。

　重要なのは、サルがイヌに追われたときの環境です。果樹の低樹高栽培地であれば、イヌが現れたとき、サルはより恐怖を感じるでしょう。さらに農地周辺の環境を見通しが良くなるように管理すれば、農地自体が、サルにとって人やイヌから逃げるのに不都合な場所になります。

Q 黄色いゴミ袋がカラス対策に効果的というのは本当？

A 現在、全国でゴミの分別が徹底されるようになりました。分別ゴミの中身が確認できるようにゴミ袋も透明や半透明のものが各自治体で採用されています。この透明や半透明なゴミ袋は、生ゴミを荒らすカラスにとっても好都合でした。ゴミ袋の中の餌になるものがすぐに分かるからです。カラスは簡単に生ゴミを見つけることができるようになりました。

　そこで、カラスの視覚能力の特性を逆手にとって編み出されたのが、黄色い半透明のゴミ袋です。カラスは、人間では見ることができない紫外光を見ることができるのですが、この黄色い袋はカラスの特別な視覚特性では透明には見えず、中身が見えにくくなるそうです。カラスからは中身が見えにくく、人間は中身の確認ができる素晴らしいゴミ袋です。普通の半透明の袋と黄色い半透明の袋を並べたところ、普通の半透明の袋の中の餌をたくさん食べたようです。

しかし、実際には期待されるほどの被害減少効果はないようです。理由はいくつもあるのですが、まず、カラスはゴミ袋の中だけを見ているわけではありません。ゴミ集積所の場所を学習しています。今まではゴミ袋の中身が見えたので、カラスはピンポイントで生ゴミのある場所をつつくことができましたが、黄色い袋になって中が見えにくくなると、今度は手当たり次第につつくようになり、ゴミの散乱は一層ひどくなります。

カラスの感覚能力を逆手に取るという発想は良かったのですが、「ゴミ集積場所には餌がある」と学習しているカラスには効果がありませんでした。

Q カラスの死骸を農地に置くとカラスを追い払える？

A 私もこれまでに何度かこのようなことを行っている農家さんを訪ね、実際に観察させてもらったことがあります。

有害で捕まえられたカラスを譲り受けてこのような対策を行った場合、カラスの追い払い効果は二週間程度でした。カラスを吊して数日後に上空いっぱいに無数のカラスが飛んでいました。異常事態を観察に来たのでしょうか。空が真っ黒になるほどで不気味でした。

それから10日ほど、カラスの気配はなくなりましたが、再び、カラスは飛来するようになりました。

Q カラスはヘビが苦手らしいので対策に使える？

A いいえ、そんなことはありません。確かに、カラス対策にヘビを真似た追い払いグッズも見かけたことがありますが、カラスはヘビをそこまで恐れません。カラスがヘビを捕まえて食べるところも何度か見ています。

ヘビをくわえるカラス

農村伝説 ―イノシシ編

「イノシシは電気ショックが来ないようにお尻から電気柵に入る」

イノシシの学習能力は非常に高く、心理学的な学習試験においてもイヌやウマに匹敵するような結果が出ています。しかし、電気柵の通電条件を知ってこのような対応をするほどの能力はありません。イノシシは警戒心の強い動物です。おそらく電気柵を学習したイノシシは、電気柵の中の作物は魅力的で中に入りたいけど電気柵は怖いと考え、電気柵の手前で立ち止まり、首を伸ばしたり引っ込めたりします。まさに葛藤状態です。しかし、体が丸見えになっている状態で、じっとしているのは危険です。イノシシは背後に危険がないか向きを変え、後方を確認します。危険がないと分かればまた電気柵の中を見つめながら葛藤状態に入ります。そしてまた危険を確認するために後ろを向いて……という行動を繰り返します。イノシシは電気柵の前で後ろを向くことも多く観察されています。電気柵にお尻を向けた状態のイノシシに出会った人が「イノシシは電気ショックが来ないように毛がたくさん生えているお尻から電気柵に入ろうとしていたのでは?」と考えたのでしょう。

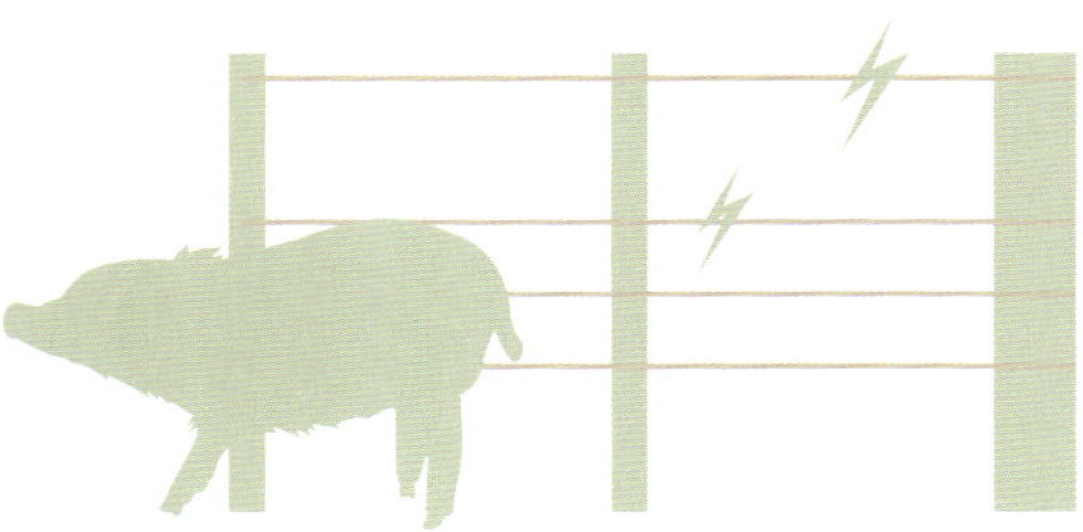

第2章

鳥獣害対策の実践

「罠を張れば野生動物が捕まり、被害が減る」なんてことはありません。
作物を守るためにまず何をすべきか、どんな罠があるのか、
きっちり知って、ばっちり対策しましょう。

対策の基本

総合対策

対策の基本は総合対策です。スポーツも同じですね。野球で四番打者を９人並べてもなかなか勝てません。様々な役割の選手が必要です。

総合対策とは、

1 野生動物を人里に誘引する最大の要因になっている餌（放任果樹、収穫残さ等）を取り除くこと
2 野生動物の行動を考慮した正しい柵の設置と点検・補修を行うこと
3 加害個体を対象とした捕獲を行うこと

以上のような行動のことを指します。

我が国の野生動物による農作物被害は、平成10年から20年近く被害金額が年間２００億円前後で推移しています。被害面積についても同様な傾向が見て取れます。なぜ被害対策は進まないのでしょうか？

１９９７年には獣類の捕獲数は20万頭を割っていました。しかし、近年はイノシシとシカだけでも年間90万頭以上が捕獲されています。15年程度で4倍以上まで増えたにも関わらず、被害は高値安定状態です。捕獲に頼るだけでは限界があります。総合対策の視点が必要なのです。

被害対策は、被害が減り、作物の収穫量が増え、「農作物は守れる」、「来年はもっといい作物を作ろう」と農家が意欲的な気持ちになることで初めて成功と言えます。そのためには野生動物をどうにかするだけではなく、野生動物が来ても守れる対策が必要です。

「捕獲」の考え方

どうしても捕獲が必要だと思う方はこう考えてください。農地周辺に設置された捕獲檻の餌を野生動物に魅力的だと感じさせるには、農地周辺の環境の管理（餌の除去）と、農地を守る（防護柵）ことが必要です。

野生動物が捕獲檻の中の餌以外を獲得しにくい環境にすれば、相対的に捕獲檻の魅力が上がり、捕獲効率が上がります。

これこそまさに総合対策の手法です。

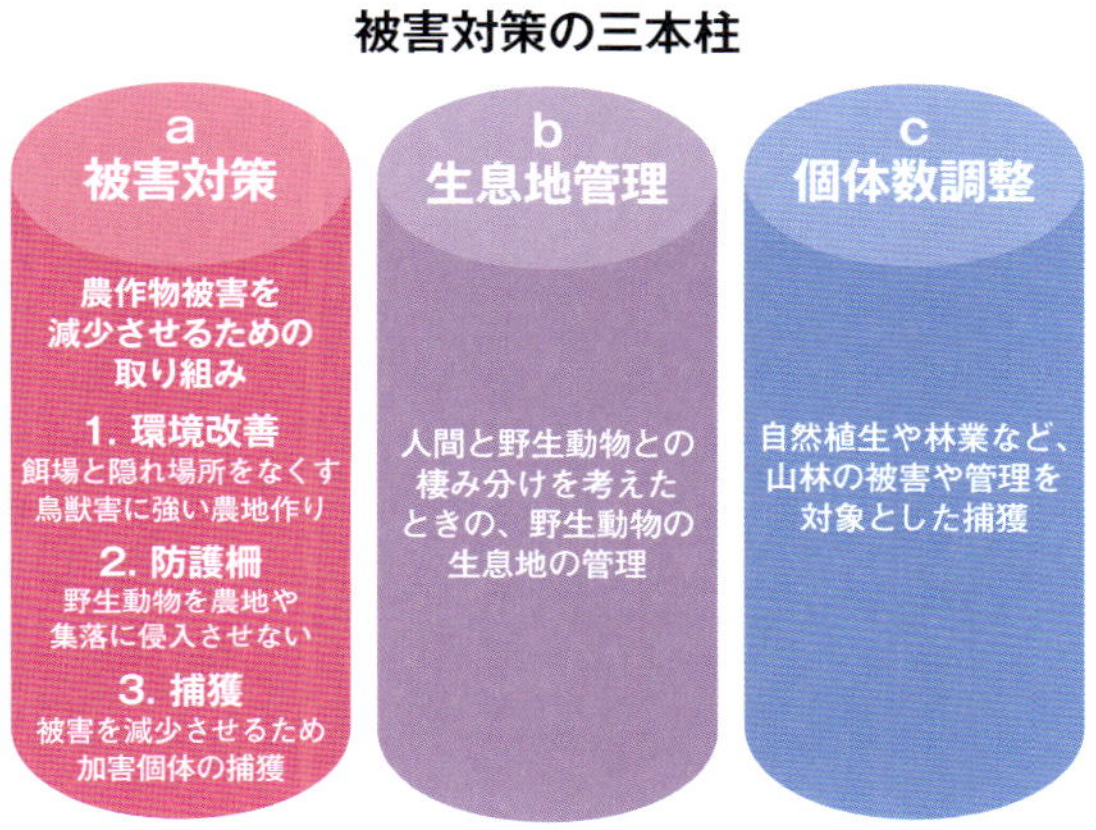
被害対策の三本柱
a
被害対策
農作物被害を
減少させるための
取り組み
1. 環境改善
餌場と隠れ場所をなくす
鳥獣害に強い農地作り
2. 防護柵
野生動物を農地や
集落に侵入させない
3. 捕獲
被害を減少させるため
加害個体の捕獲
b
生息地管理
人間と野生動物との
棲み分けを考えた
ときの、野生動物の
生息地の管理
c
個体数調整
自然植生や林業など、
山林の被害や管理を
対象とした捕獲

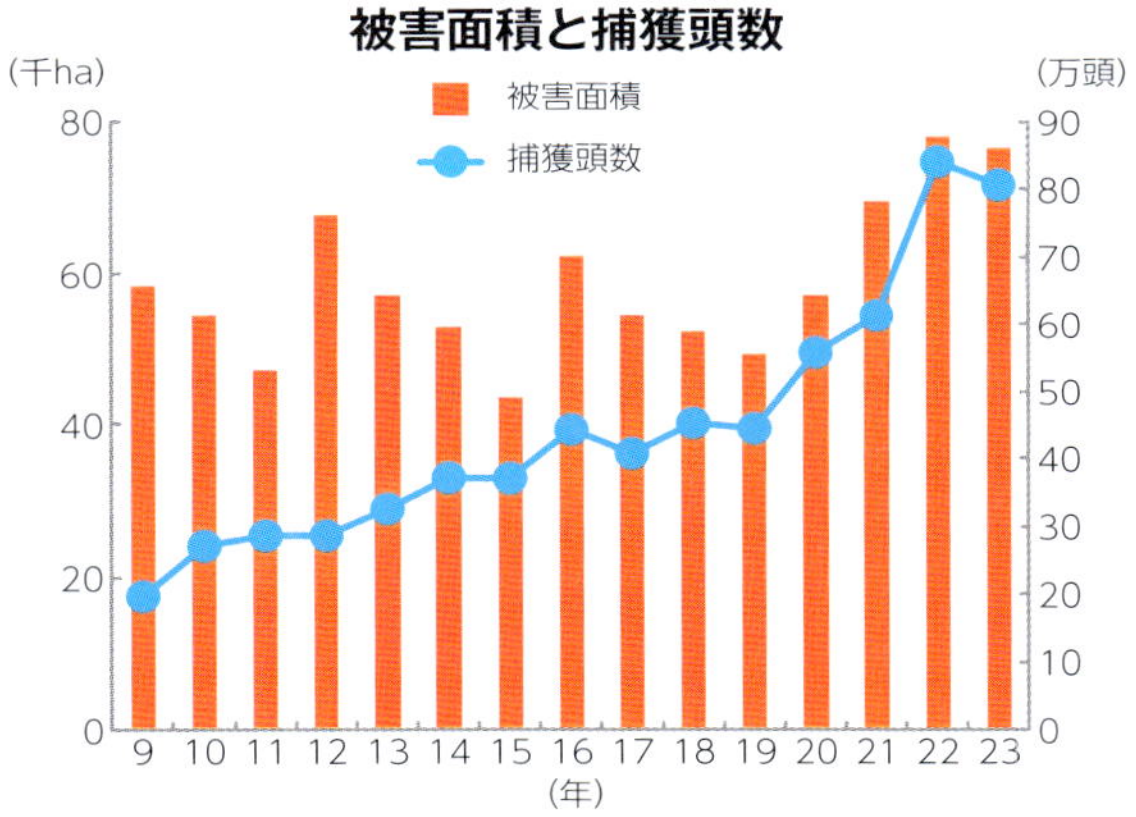
被害面積と捕獲頭数
(千ha)
(万頭)
被害面積
捕獲頭数
80
60
40
20
0
90
80
70
60
50
40
30
20
10
0
9 10 11 12 13 14 15 16 17 18 19 20 21 22 23
(年)

捕獲檻の餌の価値は周囲の餌との相対的な関係

Q 被害対策を行う際に、知っておくべきことは何でしょうか？

A 被害対策の基本を復習するために、どうして野生動物が人里に来るのか、また、畑に来るのかを少し思い出してください。

　正解は「おいしい餌があるから」です。農地周辺や集落内で、秋から冬にかけて実が成ったままのカキ、大量に実が落ちたクリやドングリの木などはありませんか？　集落内で見かけたなぁ「と感じたり、そういえば夏場にもクワの実がたくさんあったなと思い出したりする地域は注意が必要です。放棄地などの茂みもなかなか解消されていないところでは、新たな加害獣を生み出す環境になっています。

　今からでも遅くありません。野生動物の餌になってしまうものを取り除きましょう。特に放任のビワや野生化してしまっている山ぎわのビワもなくしていきましょう。野生動物に食べられてしまったら、放任果樹も作物残さも農作物も、すべて餌づけになってしまうのだという意識を持つことが必要です。

Q 銃猟や捕獲檻など野生動物の捕獲方法はいくつもありますが、どの捕獲方法が一番良いですか？

A おっしゃる通り、捕獲方法は様々なものがありますが、どの捕獲方法にもそれぞれ長所と短所があります。

　銃猟は、狩猟を趣味とする方にとっては直接自分の手によって仕留めることができるため、狩猟の醍醐味を一番感じられる手法だと思います。ただし、これは狩猟向きの方法です。さらに銃猟は様々な法的規制があり、危険もともなうので被害対策には向きません。

　また、被害を防ぐには山奥の個体を捕獲してもあまり意味がありません。加害個体を捕獲する場合、農地周辺、すなわち人間の生活圏で捕獲することが多くなります。このような場所では容易に銃を使用することができないので、被害対策のための銃猟は制限されてしまいます。

　それらを踏まえると、やはり銃猟は被害対策には向いていないといえるでしょう。

　くくり罠は銃猟よりも被害対策向

きですが、危険がともなうことを認識しておく必要があります。

　野生動物は必死に逃げようとします。くくり罠にはまった個体は自ら足を引きちぎって3本足で逃げることがあります。そのようにして農地周辺で命からがら逃げた個体は非常に興奮しています。

　もし、罠から逃げ出し、興奮した状態の個体が人間に出会ってしまった場合、本来警戒心が強く、人に対して逃げていく個体でも、人身事故を引き起こす可能性があります。このように考えると、被害対策の捕獲には捕獲檻を利用するのが一番適していると考えられます。

　しかし、捕獲檻も効果的に活用するには技術と周辺農地の被害対策が必要であることを忘れないでください。

Q イノシシやシカを捕獲する際に最も効果が高い餌は？

A イノシシの一番の好物となる餌が何なのかというのは非常にむずかしい質問です。私たち人間の好物がそれぞれ個人で異なり、一番の好物を特定することができないように、イノシシにとっての一番の餌も決めることができません。

　嗜好性が高いエサを挙げるとすれば、イノシシであればトウモロコシ（飼料用の圧ペントウモロコシ）、シカも飼料用のアルファルファなどを圧縮して固めたヘイキューブなどですが、値段も跳ね上がります。

　また、これらの餌を利用しても周辺に豊富な餌があれば敬遠されることもあります。周辺環境の餌は季節によっても変化するので、捕獲に使用する餌よりも嗜好性の高い餌が周辺にないかどうかの確認が必要です。もしそのような餌があった場合、環境管理を行い、嗜好性の高い餌を除去して、捕獲に使っている餌の価値を高めることも捕獲効率を改善する方法の1つです。また、どんなに良い餌を使用しても野生動物が気づいてくれないと意味がありません。

1　捕獲したい動物が確実に食べる
2　捕獲のために設置した餌よりもおいしいものが周囲にない
3　獣道に近い
4　野生動物が罠などに誘引されやすいように餌をまく

　以上の条件に当てはまる餌が効果の高い餌といえるでしょう。

Q 被害対策を行いたいがどのメーカーの製品が良いのか？

A 金網はどこのメーカーがいいですか？　とか、電気柵はどのメーカーを購入すれば良いか？とよく質問されます。被害対策に使用する柵はメーカーで決めるより、まず自分の農地にあった柵を選ぶことが重要です。農地の状態や環境、侵入してくる野生動物を考慮して決定します。

例えば、農地の周囲が舗装されていたり、小石や砂利が多い場所に電気柵は向きません。

サツマイモやスイカなどは砂地で栽培することがありますが、このような場所もアースが取りにくく、電気柵に向かない場合があります。

また、地面の形状にも注意しなければなりません。凹凸が多い場合、水平にならすことがある程度可能であれば問題ないのですが、そうでない場合は電気柵や金網よりもネットを選択した方が良い場合もあります。ネットや金網は侵入する動物によって、目合いにも注意しなければなりません。

もちろん、どんな動物に対しても目合いが小さければ小さいほど良いのですが、その分費用もかかります。実際の現場では、少しでも安くあげようとして必要な目合いよりも大きいものや、強度の足りないものを選んで被害を防ぐことができない例が多発しています。

また、金網の格子が正方形ではなく長方形であるものは、野生動物の行動特性を考えれば、当然避けるべき金網です。

どのメーカーのものを使っても、正しく設置しなければ効果はありません。言い換えれば、正しく設置できれば、特にメーカーを気にする必要はないと思います。

また、すでに何らかの対策を行っている場合は1からやり直すのではなく、今行っている対策の弱点を補うように新たな対策を組み合わせていくことも考えてください。

皆さんが正しい知識を身につければ、悩むことはありません。

Q 電気柵で水田を守り、今年は被害ゼロでした。来年も安心ですか？

A 無事にお米の収穫ができて良かったですね。しかし、まだ油断はできません。収穫後、ひこばえが生えます。秋はやわらかい青草が少ないので、シカの格好の餌になります。

　また、比較的温暖な地域では二番穂に実がつまり、多いところでは1反で50kgも60kgも実ってしまいます。これはイノシシやサルなど、様々な動物の餌になります。これを食べた動物は「この場所においしいものがある」ことを学習し、来年も水田の周囲をうろつくでしょう。

　また、秋から冬にかけてしっかり餌を得た動物は健康的に冬を越すことができ、冬の厳しさに負けて本来自然死する個体が減ります。

　したがってこのような餌を与えないために、田おこしや、防護柵を年間通して有効にするなどの対策が必要です。収穫後、電気柵を片付ける場合も、電気を落としたら速やかにすべて片づけてください。電気を切ったまま放置しておくと、野生動物が「この線はもう怖くない」と学習して、翌年、侵入されることがあるので注意が必要です。

Q 収穫も一段落。来年の被害対策は、いつからはじめる？

A 被害対策は1年を通した取り組みが必要です。秋も終わりを告げ、寒さが段々厳しくなってくると、野生動物の暮らす環境も餌資源が乏しくなり、野生動物にとって厳しい冬がやってきます。

　しかし、集落には彼らの胃袋を満たす餌となるものが多く存在します。収穫が終わった田んぼに野生動物の餌となる二番穂はありませんか？　農地やその周辺は若い草で緑になっていませんか？

　カキなどの果樹園でも、収穫が終わるとホッとしてしまう方が多いと思います。しかし、まだまだ野生動物は果樹園を狙っています。草生栽培を行っている農地には栄養価の高い青草があり、これも野生動物の格好の餌となります。収穫が終わっても引き続き対策を継続することをおすすめします。

　また、畑に作物がなくても堆肥が積まれていることがありますが、堆肥はイノシシが冬場の休息場所として利用することがあります。また、堆肥に穀類の籾を混ぜている場合、野生動物の餌になるので放置は危険です。冬野菜を栽培している方は、野菜を守ることはもちろんですが、収穫残さの処理には特に気を遣ってください。泥や虫食いのある外葉も、野生動物にとってはごちそうです。

Q 防護柵を設置したが、一部集落で設置後の管理不足が見受けられ、このままでは数年内に柵が機能しなくなる。どうすれば良い？

A 柵の設置場所を計画する時点で、設置後の維持管理がむずかしいルート設定をしないことが大切です。柵の外側に管理道を作ることができるのであれば、可能な限り計画に入れてください。柵設置後の維持管理労力を大幅に軽減する上でとても重要です。10年、20年先を見越した取り組みができる農家を作るための啓発が大切です。

現在、計画を練っている方は、次の世代の人たちも継続的に維持管理に取り組めるよう、柵の設置ルートや緩衝帯や管理道の導入について念入りに話し合ってください。

また、維持管理については、常に強制的な全員参加とするのではなく、草刈り作業は自由参加とし無理強いはしない、作業内容は各自の体力や能力に応じたものを分担する、などして少しでも多くの方が参加できるように考えてください。

Q タケノコの被害対策を教えてください

A まずは野生動物が竹林を利用しにくい環境にすることです。間伐を行い、見通しを良くしましょう。間伐を行うということは定期的に人間が竹林に入るということなので、相乗効果も得られます。

また、間伐を行うと、竹は外側よりも内側を充実させようとするらしいので、竹林の拡大を抑制する効果もあります。商業目的でなければ、タケノコの季節にはなるべくご近所を受け入れてタケノコ掘りを楽しみましょう。

その他にも、イノシシがタケノコを掘りはじめる時期は地中のタケノコを守るために電気柵などを設置するなどの方法もあります。

干ばつは被害対策だけでなく、竹林の拡大も抑制できる

Q 鳥獣害対策実施隊とは何なのでしょうか？

A 市町村は鳥獣被害防止特措法に基づいて、被害防止計画に基づく捕獲、防護柵の設置といった実践的活動を担う、「鳥獣被害対策実施隊」を設置することができるとされています。

活動内容が示されている特措法の第9条第1項には、まず、対象鳥獣の捕獲、防護柵の設置その他の被害防止計画に基づく被害防止施策の適切な実施が記されています。

そして、第9条第3項では、実施隊員は市町村長が市町村職員から指名する者と被害防止施策に積極的に取り組むことが見込まれる者から、市町村長が任命することになっています。これが基本となります。

したがって被害対策全般が実施隊の仕事であり、その中で主に捕獲を実施する隊員がいる構成となっています。しかし、新聞記事を見ると、まるで野生動物を捕獲する組織としか読み取れないような記事ばかりです。自治体が被害対策の講習を行い、実施隊員が農家への対策指導ができるようにしていますが、実施隊員のほとんどは猟師である場合が多く、実施隊員への優遇措置も狩猟に関するものが多いので、どうしても捕獲への流れになってしまいます。

Q 鳥獣害対策実施隊の優遇措置とはどのような内容？

A 鳥獣被害対策実施隊を設置した場合、銃刀法の技能講習の免除、狩猟税の軽減措置、市町村が負担する活動経費に対する特別交付税措置などの優遇措置を受けることができます。

現在、実施隊員のうち、主として捕獲に従事することが見込まれる隊員（対象鳥獣捕獲員）は捕獲を適正かつ効果的に行うことができる技能を有する狩猟免許所持者となっています。優秀な狩猟者であることが求められていますが、この技能を認定する試験などはなく、対象鳥獣捕獲員になると優遇措置として技能講習やライフル銃所持の許可の特例まであります。

これらを踏まえると、今後、鳥獣被害対策実施隊から事故が発生してしまったときに、国がどのような対応を行うのか見守る必要があるように感じられます。

鳥獣害から作物を守る環境管理

野生動物にとっての餌とは

　野生動物は農作物だけを狙って田畑に侵入しているわけではありません。彼らはおいしい餌があればいいのです。例えば、未収穫の果実を野生動物が摂食し、人里にはおいしいものがあることを学習します。くず野菜などの放置も、餌づけ行為になってしまいます。

　また、ひこばえや収穫残さ（外葉の放置など）は、ついつい野生動物の餌になっても見過ごしてしまいます。人里に餌があると確信した個体が餌を食べに来ます。かつては人が利用するために植えた山沿いのクリ、カキ、ビワなど、今は誰も利用しなくなった実を動物たちが見つけ、利用するようになりました。人里と森林の境界付近で野生動物は、これまでに経験したことのないおいしい餌の存在を学んでいきます。一年中何かしらの餌がある人里は、冬の餌不足や環境の悪化でどんどん死んでいく野生動物を救い、養う場所になってしまいました。

見逃してはならない野生動物の隠れ場所

　野生動物が人里で餌を得る上で重要なもう1つの要因として、安全な隠れ場所の存在も見逃せません。人里との境界にあたる林縁部には田畑や耕作放棄された茂みが存在ます。野生動物はこの茂みをとても好みます。野生動物が茂みの中でじっとしていると、人間に気づかれることはほとんどありません。人間に見つからないばかりか、茂みの中からは外側の環境がよく見えます。このような茂みは野生動物にとって、隠れ場所、潜み場所としては最適な環境です。人間に見つからない拠点が人里にあり、その周囲においしい餌がある。野生動物は人間がその被害に気づく前からひっそりと人里を利用していたのです。

したがって、野生動物を誘引する餌の除去や、隠れ場所をなくすことは被害対策として非常に重要な方法になります。

野生動物はどんどん山から降りてくるわけではありません。山を利用しなくなった人間の生活変化によって、一部の野生動物は少しずつ人里近くまで生活域を広げることができ、そこで良い餌と潜み場所を見つけてしまいました。

このような経験をした個体が被害を出すのです。

逃げるシカ。逃げ場や隠れ家を与えてはいけない

イチゴ畑に侵入するアナグマ

稲刈り後もサルは誰も収穫しない柿を食べに来る

Q 隣町で被害が発生しました。私たちの畑も被害に遭う？

A 直接現場を見ていないので、今年被害に遭うかどうかを言い当てるのはむずかしいですが、被害発生の可能性を少しでも抑える方法を教えることはできます。

日本全国で被害対策を講じていますが、被害がまだ発生していないときに、先を見越して予防を始めた地域はほとんどありません。被害が大きくなってから、慌てて対策を行い、後手後手に回るばかりでした。野生動物による農作物被害の発生メカニズムはかなり明らかになっています。この知見を利用しない手はありません。野生動物は、まず耕作放棄地などの茂みを利用し、その周囲のタケノコやカキ、クリ、ビワなどの放任、放棄果樹の実や農作物の収穫残さなどの味を覚えて集落周辺に居座るようになります。特に、餌のない冬場はこれらの餌を求める傾向にあります。

放任果樹は野生動物にとってこの上ないごちそう

したがって、野生動物の拠点となる耕作放棄地などの茂みを減らすこと、森林周辺で簡単に利用できる竹林や放任、放棄果樹（カキ、クリ、ユズなど）をなくしていきます。この作業中にイノシシやシカなどの痕跡があれば、早めに柵を設置しましょう。しかし、人間って予防が苦手ですよね。

Q 農地だけでなく街中にも野生動物が出てくるのはなぜ？

A 近年、本来は野生動物が生息していたであろう高台や郊外に、新興住宅地が造成されることが多くあります。このような場所でははじめから野生動物との距離が近い上に、生ゴミや弁当の箱、スナック菓子のゴミのポイ捨てなど、野生動物にとって魅力的な餌が存在します。野生動物が誘引されても不思議ではありません。また、住宅街の一角に家庭菜園コーナーや市民菜園が併設されている住宅もありますが、このような菜園も野生動物にとっては魅力的な場所となりますので注意が必要です。

　食べ物目当てでイノシシが出没する場合、大きな人身事故につながる可能性はあまり高くないのですが、有害駆除や狩猟に絡んで手負いのイノシシが街中に侵入してしまうと大きな事故につながることがあります。最近は被害対策のために、多くの場所で年間を通して野生動物の捕獲が行われています。捕獲機会の増加にともない、くくり罠に捕まった個体が自らの足をちぎって逃げ出したり、猟犬に追われたりして、精神的にパニックになっているイノシシが出没するかもしれません。ビルの並ぶ町でも数km離れれば農村地帯がある場合もあります。地域における野生動物の捕獲について、情報を知っておくことは重要でしょう。

Q 収穫しようと思うと被害に遭ってしまう。野生動物は作物の熟期が分かる?

A 私たちは、「野生動物は農作物を見つけたらすぐに食べに来る。嗅覚が鋭いので遠く離れたところからでも熟期が分かると」考えてしまいます。しかし、野生動物は餌を得るために周到な準備をしていることがあります。被害に遭ってしまう農地周辺には、耕作放棄地や雑草の茂み、林縁の存在が多くの場所で認められます。このような場所は野生動物の潜み場所になります。

　先ほども述べましたが、この潜み場所は野生動物にとって非常に快適なのです。

　したがって、毎日、農地の近くの潜み場所から農作物の状態を観察している場合が多々あります。近くにいれば熟期は分かるでしょうし、人が頻繁に実りをチェックする行動が熟期の合図になっているかもしれません。野生動物も人間と同じように、農作物の近くで熟期を感じているのです。

Q 野生動物にとって快適な環境を教えてください

A 野生動物は私たち人間と違い、とても厳しい自然環境で生活しています。野生動物は活動時間のほとんどを餌探しに費やしています。

イノシシであれば、1日のうち活動時間は3割程度、7~8時間くらいですが、そのほとんどが餌探しです。土を掘り起こし、根をかじり、石をひっくり返しては小さな生き物を口にして命をつないでいます。明日、餌を見つけられる保証もありません。常に死と向かい合っています。人間のように冷蔵庫を持っていませんので、餌を長期保存することができません。さらに人間のようにおいしいものは最後に食べるとか、あとでおいしいものが見つかるかもしれないので、あまりおいしくないものはパスしようなどという余裕もありません。食べて栄養になるもの、危険がなく、胃袋を満たせるものであれば、手当たり次第に食べていかなければ生きていけないのです。ミミズも大好物だから食べているわけではなく、見つける機会が多いから食べているのです。

では、野生動物が憧れる餌環境を考えてみましょう。餌は多いにこしたことはありません。散らばっているよ一ヵ所に集中している方が探査に時間を費やさなくてすみます。また、いつも確実に餌があることも重要です。このような条件を山の中で見つけるのはむずかしいことです。ところが人里ならばどうでしょう。私たち人間が農耕をはじめた理由は、野生動物の憧れる環境と一致しているのです。

野生動物が快適だと言える環境でもう1つ重要なものが隠れ場所です。隠れ場所が確保できれば、ほとんどの危険を回避できるからです。隠れ場所として大切な要素は、存在を気づかれない安全な場所であり、餌場に近いことです。まさに農地周辺の茂みが見事に条件に当てはまります。高さ1mに満たない茂みであっても、密に繁茂していれば野生動物はいとも簡単に人間の目から逃れることができます。また、茂みの中からは外の世界が丸見えです。

Q 勉強して柵を張り被害がなくなった。環境管理はもう不要?

A 被害をなくすことができたのは素晴らしいことです。先ほども述べましたが、野生動物は活動時間のほとんどを餌探しに費やしています。野生動物が好む餌環境はおいしい餌が大量に高密度に集中していることです。人間が食料を確実に保持できるようにした農地こそ、野生動物にとっても最高の餌場です。

また、集落内の放棄果樹や、生ゴミも同様です。被害を止めることができても新たな個体が次から次へと集落内の餌の魅力を知り、加害獣予備軍が増え続けます。

集落周辺で農地を狙う野生動物を増やさないためにも環境管理を継続し、新たな加害獣を作らない取り組みが必要です。

Q「鳥獣害に強い畑作り」とは何でしょうか?

A 普段栽培している作物の栽培方法を見直したり、野生動物の行動を考慮して被害に遭いにくい農地や集落環境を作ることです。

多品目栽培をしている方は連作障害にならないよう、作物の配置に頭を働かせていることと思います。このときに被害対策の効率化も加えてみてください。動物の前足や口が届くほど、侵入防止柵の近くで収穫物が実らないか、カボチャなどのつるが伸びて柵の外に出てしまう可能性はないか、キュウリなどのネットの傾斜が被害対策用の向きになっているか、野生動物にとって魅力的な作物が以前侵入された場所から丸見えになってしまわないか、思い浮かべてください。

このような観点から、畝を立てる位置や作物の配置、栽培ネットの向きなどを変えるだけでも被害対策になります。

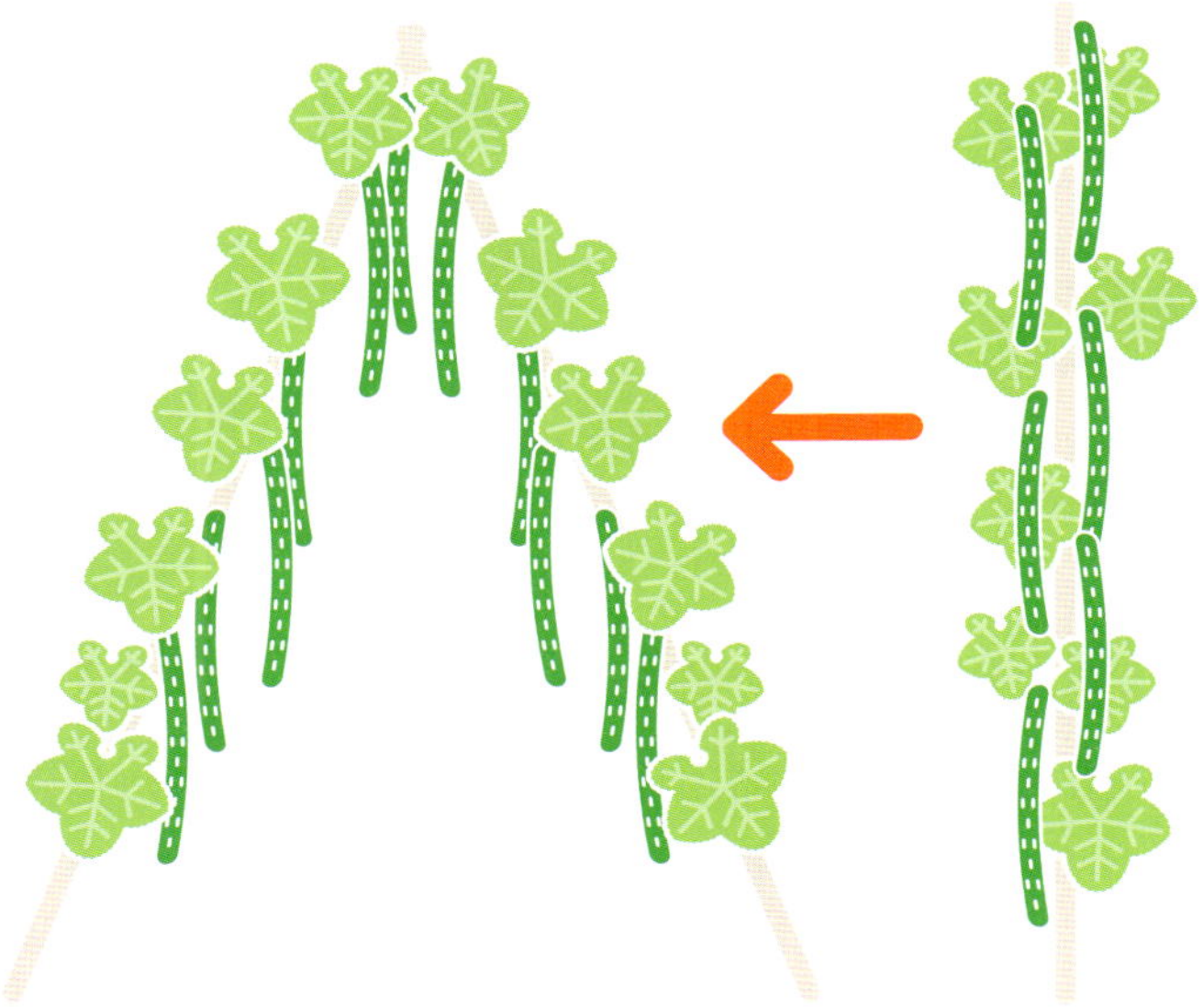

外側に葉が茂り、内側にキュウリが垂れるために外側から見えにくい

左右どこからでもキュウリが見える

電気柵

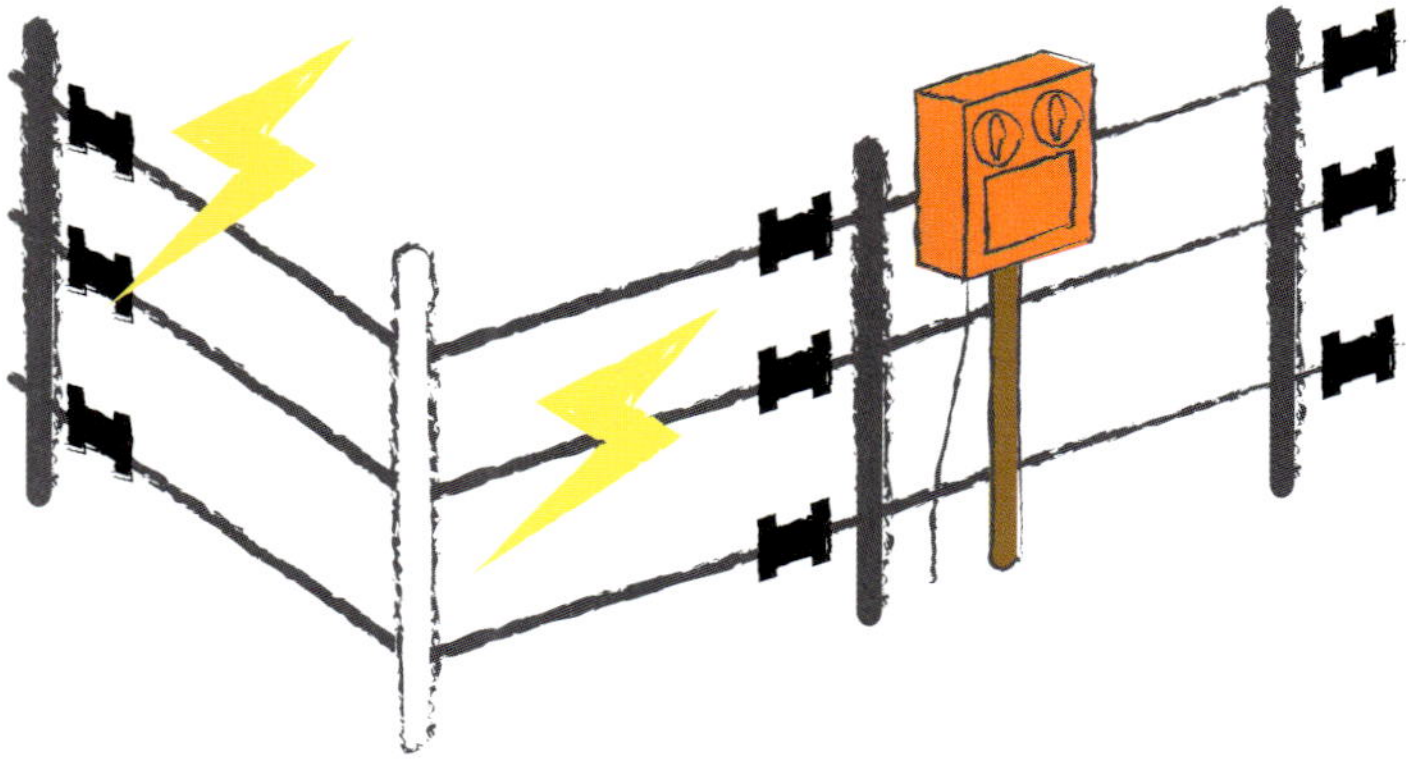

近年、被害対策においてよく使用されるようになった電気柵。簡易型のものは取り扱いやすく、設置も簡単です。しかし、電気柵の使用には注意事項が多く、ルールを守らないと本来の効果を発揮することができません。

電気柵は柵線におよそ１秒間隔で電気を流し、電柵に触れた動物の体を電気が通り、通った電気が足元から地面に流れ出ることによって強い電気ショックを動物に与えることができます。電気柵はこのような一連の流れが確実に起こるように設置しなければなりません。このことをしっかりと頭の中に入れてから電気柵を設置してください。ただし、これは簡単なことではなく、意外にむずかしいことです。

1 動物に確実に触れなければならない
2 動物の体の中を電気が流れなければならない
3 足の裏から電気が流れ出なければならない

これらの条件を満たすためには様々な障害を解決しなければなりません。

Q 電気柵の電池寿命がメーカーによって違うのは性能の差？

A 残念ながら性能の差ではありません。電気柵のカタログやパンフレットを見ると、確かにメーカーによって電池の寿命が異なっています。大体、1ヵ月から3ヵ月と書かれているかと思います。

もちろん、電気の出力が違えば寿命にも違いは出ますが、出力がほとんど変わらないのに寿命が大きく違って記載されていることがあります。これはメーカーの被害対策の考え方が表れているからだと思います。

電池寿命が続き、電気柵に3ヵ月間電気を流すことができても、被害を防ぐことができるとは限りません。通常、電気柵はおよそ1秒間隔で電気をピッピッピッと流しています。ところが、電池残量が少なくなると、メーカーによってその後の対応が異なってきます。ギリギリまで1秒間隔で電気を流し、残量がなくなると電気が流せなくなるタイプと、徐々に電気を流す間隔を広げていき、電池切れを引き延ばすタイプがあるのです。実は、電気を流す間隔が2秒、3秒と広がっていくと、被害対策としての効果は極端に落ちてしまいます。

したがって、どちらのタイプも使用できるのは、1ヵ月、長くて1ヵ月半と考えておいた方がいいでしょう。また、夜間だけ電気を流すことを想定して電池寿命を長く記載する場合もあるかもしれませんが、現在、電気柵は24時間電気を流すのが常識なので、このことを知らないメーカーはいないはずです。

Q 電気柵は草刈りが面倒。何か良い方法はない？

A 一番簡単な方法は電気柵の下にシートを敷くことです。雑草抑制シートやマルチなどが利用できます。薄いシートや金属が編み込んである通電性のシートであれば何の問題もありませんが、分厚いゴムシートなどは電気を通さない絶縁素材なので、動物がその上に乗ってしまうとアースが効かずに電気柵の効果が得られないことがあります。ただし、これは現実離れした話です。イノシシやシカが電気柵に触れたとき、後ろ足は電気柵から1m近く離れているのではないでしょうか。後ろ足が乗ってしまうほど幅広いシートを張る必要はありません。電気柵の下に敷くシートは幅50㎝もあれば

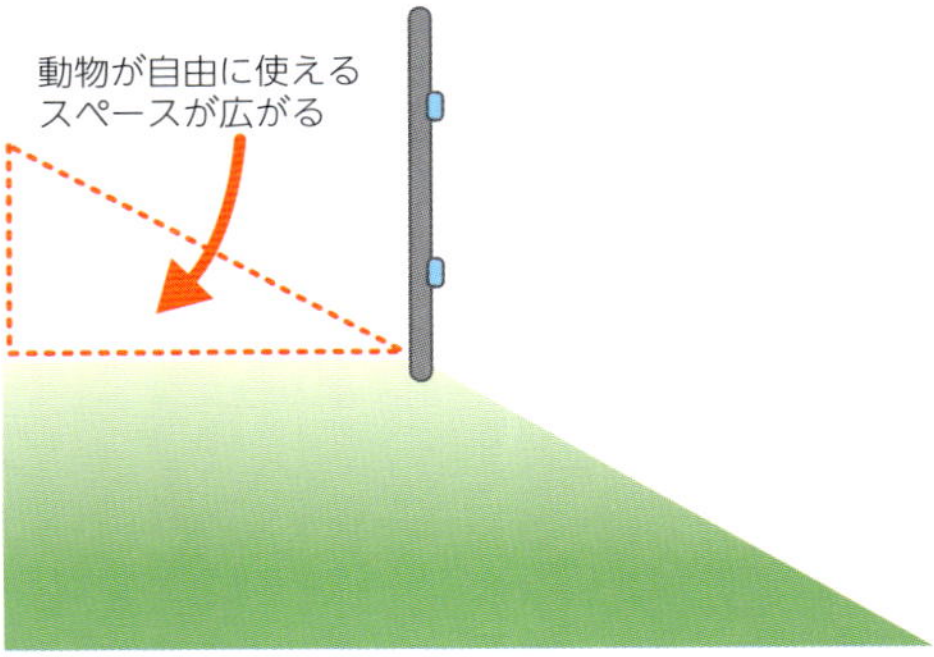

図1　平坦地ギリギリに電気柵を立てた場合。平地の内側に支柱を立てると良いでしょう

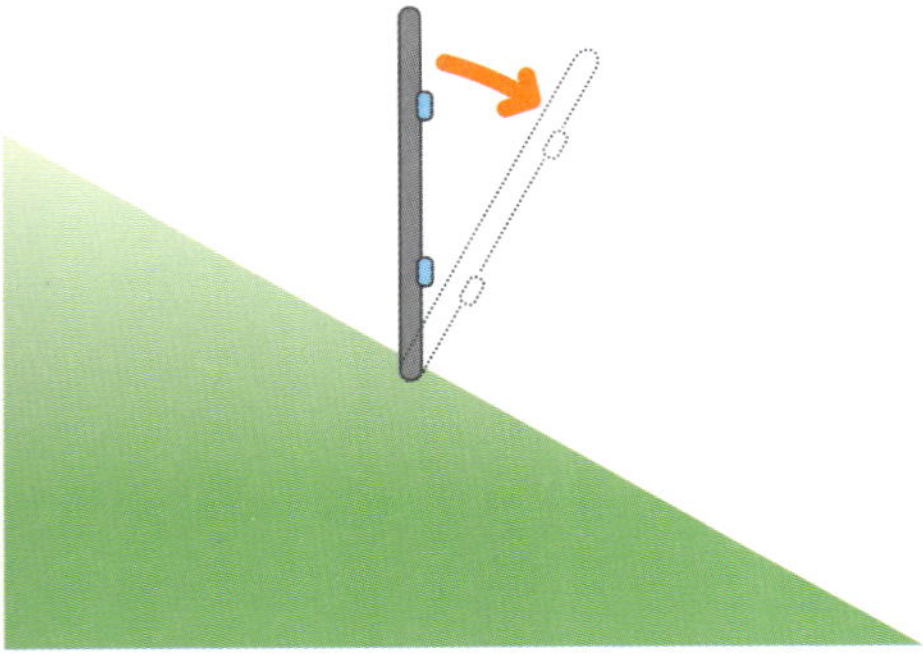

図2　斜面の中に電気柵を立てた場合。点線のように斜面に対して垂直に支柱を立てると良いでしょう

十分です。中央に支柱を刺しても、外側と内側に雑草が生育しにくい25㎝の空間ができます。これなら誤って支柱に草刈り機を当ててしまうこともありません。シートの通電性の有無にこだわらなくても大丈夫です。

Q　斜面との境界に電気柵を設置したが侵入されました。どうしてでしょうか？

A　農地周辺に斜面があるとき、平地部分に農地を広く取り、斜面ギリギリに電気柵を立てている場合があります。これは斜面に柵を設置するよりも、さらに危険かもしれません。斜面中央に設置した場合と比較してください。図1の平地部分、すなわち白抜きの△部分は図2の斜面に対して動物が自由に動ける空間になります。傾斜を登ってきた動物にとって、傾斜の途中に柵が設置されているときよりも柵をくぐりやすい条件になっていることが分かるでしょうか？　できればもう少し平地の内側に、支柱を移動させることをおすすめします。

Q　プラスとマイナスのアース線を近づけて平行に張る技術が紹介されていました。効果はありますか？

A　野生動物が電気の流れているプラスの柵線に触れたときに、同時にアース（マイナス）が必要となります。野生動物の立っている地面がコンクリートや極度に乾燥している状況ではアースが効かず、電気ショックを与えることがむずかしくなります。小鳥やトンボなどの昆虫が電気柵に止まってもショックを受けないのはアースが存在しないためです。

質問にある電気柵の張り方は、地面からアースが安定してとれない場合を想定して、プラスの柵線とマイナスの柵線を近づけて平行に張り、野生動物の鼻が同時に2本の柵線に触れることで確実に電気ショックを与えるアイデアです。

しかし、残念ながらこの張り方にはいくつかの欠点がありますので、それらを把握しておく必要があります。野生動物の鼻先は小さく、線の間隔をかなり近づけなければならないでしょう。イノシシのように比較的鼻の面積が大きい動物でも、2本の線に同時に触れてもらうには2本の柵線が前後しないようにしなければなりません。柵線の間隔が2cmでも片方ずつ触ってしまう可能性が高いでしょう。したがって、2本の線を1cm程度に近づけなくてはなりません。少しでも緩んでしまうと、柵線同士が接触して漏電します。接触しない場合でも、柵線同士が近づくと放電による漏電が起こります。

このように色々な短所がありますが、一番の問題は、野生動物がこのシステムの電気柵に接触しても期待される電気ショックを与えることができないことです。本来の電気柵は柵線に触れた動物の鼻先や口元から、電気が体を通り足から抜けていく過程でショックが起きます。すなわち、体の胴体部分を含んだ電気の流れができます。

しかし、鼻先にプラス線とマイナス線が同時に触れるシステムでは、電気が鼻先の狭い範囲だけを流れてしまうので、強いショックを与えることができません。この技術は最近開発されたような報道が一部に見られますが、10年以上前から考えられていたものです。

上記のような理由から、ある電気柵メーカーはこの技術を没にした経緯があります。

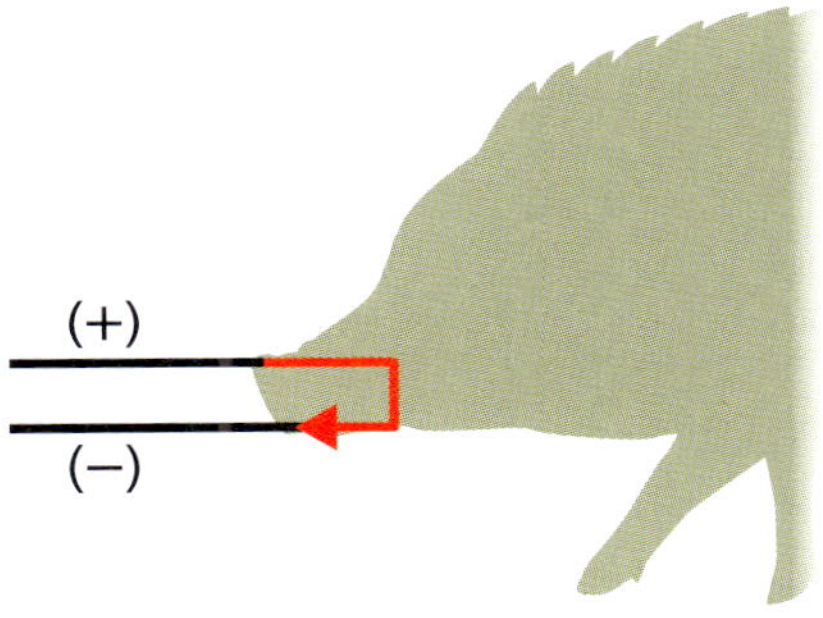

鼻先の間にプラスとマイナスがあるため、鼻先だけの感電になる場合が多く、通常の電気柵よりショックが小さくなってしまう

Q 電気柵が効かないシカやイノシシがいるというのは本当？

A 電気柵が効かない動物がいると考えてしまうのは、くり返し田畑に侵入された経験からでしょう。電気ショックを何とも思わない動物はいません。効かないと感じてしまう理由があるのです。まず考えられるのは設置ミス。ガイシの向きや柵線の高さや間隔が正しいか、動物の足が土の上にくるような配置になっているか、バッテリーが切れていないかなどのチェックが必要です。

また、正しく設置しているにも関わらず、まるで電気柵が効いていないかのように侵入される場合は、収穫後や農閑期に電気柵を片付けず、電気が流れていない状態のままにしていたことが原因だと考えられます。自分の電気柵を片付けても、近隣農地の電気柵が片付けられていないと、農閑期に野生動物は電気が流れていない電気柵に慣れてしまうことがあり、翌シーズン、鼻や口元で電気柵を触らずにくぐり抜けてしまうようになります。また、電気ショックを受けたとき、驚いて前に突進してしまう個体もいます。このような場合も電気柵をものともせず突破したと勘違いしてしまいます。実際には大きなショックを受けているので、倒れた電気柵を張り直せばこのような個体は侵入しなくなります。

イノシシでもシカでも人間と同じで「懲りないやつ」がいます。電気ショックを受けて逃げ去ったにも関わらず、一時間もしないうちに戻ってきて、またショックを受けて逃げることをくり返します。比較的シカによく見られる行動です。したがって、一度効果があったからもう大丈夫と慢心せずに、通電状態を常にチェックしておくことが大切です。

Q イノシシを防ぐには3800Vは必要？

A いいえ。そんなことはありません。今のところ3800Vに根拠はなく、私たちが過去に行なった試験では、痛みを感じさせないように全身麻酔を行った上で、イノシシの体の各部位に電気柵の電気を当て、電気ショックによる筋肉の収縮を観察しました。その結果、頭や背中などの毛の生えている部位に電気を当ててもほとんど筋肉の収縮がありませんでした。しかし、鼻先や毛の生えていない腹部では筋肉の

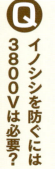

強い収縮が認められました。

さらにアースがよく効く土の上では3000V以下でも非常に強い筋肉の収縮が認められました。さらに2000V以下でも強い筋肉の収縮を起こす例もありました。

イノシシを撃退するほどの電気ショックを与えられるかは、イノシシの健康状態や電気柵に触れた部位、アースとなる地面の状態、天気、設置方法など、様々な要因が絡み合います。

したがって、4000V程度であれば、雑草などにより、多少の漏電が発生しても動物に電気ショックを与えられるおおよその目安としています。3800Vという目安は、きっと、信憑性を高めようと、適当な数字を挙げただけなのではないでしょうか。

Q 電気柵の事故で人が亡くなりました。扱うのが怖いです。使わない方がいい？

A 市販されている被害対策用の電気柵は心配ありません。電気柵にはいくつかの種類があり、最も使用されているタイプは、本体の電柵器を乾電池や内蔵されている専用バッテリーで作動させるものです。これらの電気柵は、命に関わる電流はあらかじめ低くなっているので、間違って使用することがあっても人が亡くなるような事故は起きません。

乾電池やバッテリーの代わりにソーラーパネルで発電するタイプも売られています。このタイプも発電された電気は最初から乾電池式のように人体に安全な状態で出力されるので心配ありません。

電柵機本体の電源を家庭用コンセントに繋いで使用する場合は正しい知識が必要です。人間の体の中を流れる電気の抵抗値によって変化するものの、人間の抵抗値の範囲で死に至る電圧が流れますが、製品として販売されている被害対策用の電気柵は低い電流に変換した上で約1秒間隔のパルス方式（間欠的）で柵線に送電し、電気が体内に連続して流れない安全使用になっています。

したがって、鳥獣害対策用の電気柵の通常の使用方法からは事故が起きることは考えられないのです。市販されている鳥獣害対策用の電柵器を使用せず、漏電遮断装置も使用していない状態でコンセントから流れる電流を放置したのが報道された事故の原因です。被裸電線による感電事故と見るべきでしょう。

ワイヤーメッシュ柵

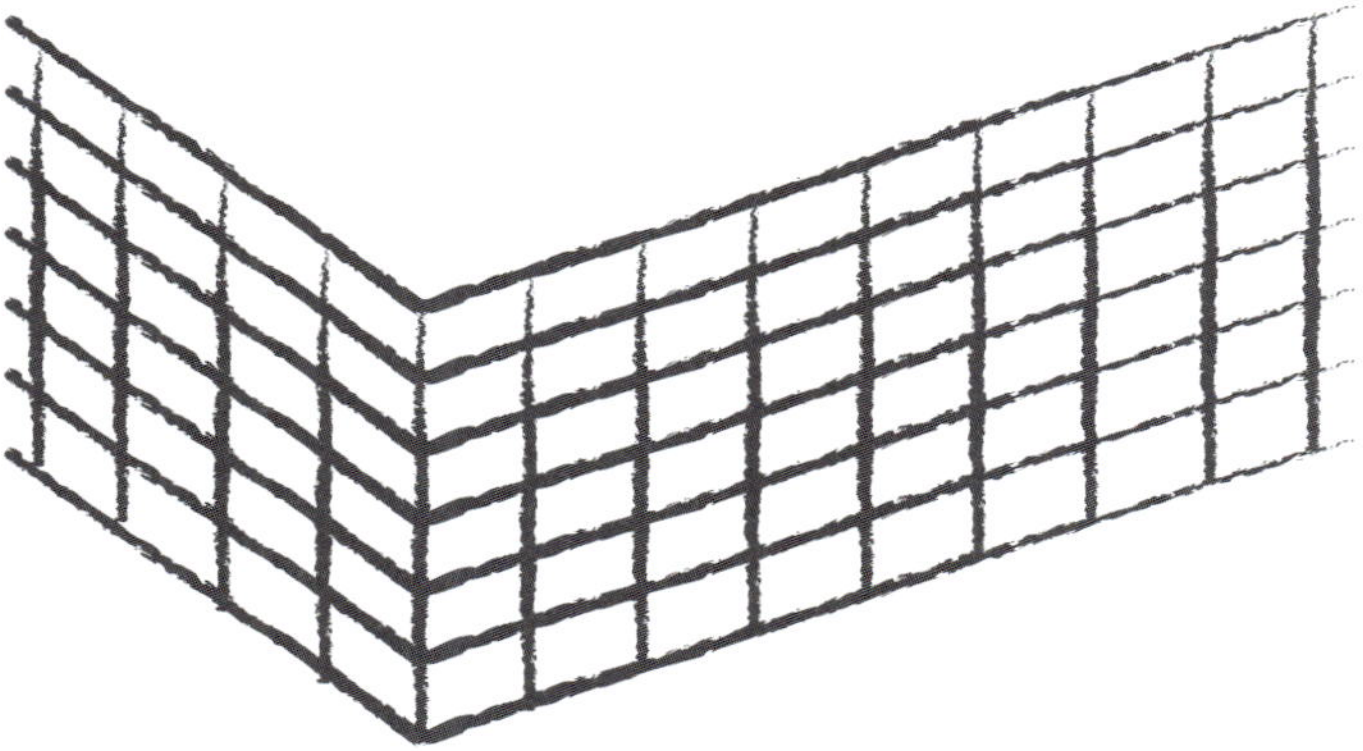

ワイヤーメッシュも最近よく使われる素材です。以前は山間部のカンキツ栽培地で使われることが多かったのですが、イノシシ対策に有効な素材であることが広まり、様々な場所で使われるようになりました。目合いやメッシュに使用されている鉄棒の線径に様々な規格があるので、被害対策に合わせて選択しなければなりません。

網目の目合いは野生動物のくぐり抜けを考慮し決めなければなりませんが、一般的に10㎝以下のものを選ぶのが実用的です。線径は3.2㎜から5㎜程度のものが良いでしょう。線径が細いものは重量が軽く、運びやすい一方、支柱の数を増やす必要があります。線径の太いものはそれなりの重さがあるものの、支柱の数を減らすことができます。最近は獣害対策用として、専用のワイヤーメッシュが販売されていますが、どこに利点があるのか判断しにくいものばかりです。逆にデメリットが目につくものもありますので、ご注意ください。

一番重要な点はくぐり抜けを防止することです。ワイヤーメッシュはネットや電気柵とも組み合わせやすい素材なので、使い方をマスターすれば新しい野生動物が来ても対応しやすくなります。

Q　ワイヤーメッシュはどのサイズを使えばいいのでしょうか？

A　ワイヤーメッシュには様々な規格があります。以前は建築資材として流通しているものしかありませんでしたが、現在は獣害対策用として販売されているものも少なくありません。しかし、獣害対策用のワイヤーメッシュの方が良いかというと、必ずしもそうとは限らないので注意が必要です。

ワイヤーメッシュを選択する際に重要なのは格子（目合い）の大きさと、金棒の直径（線径）です。格子のサイズは色々ありますが、10㎝四方や15㎝四方の格子を目にする機会が多いと思います。15㎝格子の場合、生後半年を経過したイノシシでもくぐり抜けられます。子供が田畑に侵入すると親もしつこく侵入しようとします。侵入されなくても、メッシュ柵を長時間いじられることになるので、耐久性に問題が出てきます。できるだけ早く野生動物に田畑への侵入を諦めてもらえる10㎝格子以下の柵の設置が重要です。

線径も3・2㎜、5㎜、6㎜など、いくつかの種類があります。線径が太いほど丈夫になりますが、重量も増していくので、取り扱いがむずかしく、女性や高齢の方が5㎜や6㎜径を使うのは大変です。3・2㎜径は軽く、取り扱いが楽なのでおすすめですが、強度に欠点があるので、野生動物が下から無理矢理くぐり抜けないように、必ずメッシュの接地面にパイプや竹など、棒状の資材を固定する必要があります。体力にも予算にも余裕のある方は5㎜径の選択もOKです。しかし、丈夫な柵だからと過信は禁物です。

Q　防サビメッキ処理のワイヤーメッシュが良いと聞きましたが、値段が高く悩みます

A　私の経験ですが、メッキ処理の有無は柵の寿命に大きく影響しません。一般的なワイヤーメッシュでも十分に長持ちします。長持ちさせるためには高い資材を購入するよりも、正しく柵を設置する方が重要です。先にも書きましたが、イノシシやシカの成獣だけでなく、幼獣にも対応した格子のサイズを選ぶことが基本です。また、柵を設置する際にワイヤーメッシュの向き（表と裏）を確認することが非常に重要

裏表を間違えたために溶接部をイノシシに壊された柵

です。イノシシなど多くの動物は紐やネットを噛んで引っ張ります。動物は４本の足で踏ん張るので、引く力はかなりのものです。ワイヤーメッシュに対しても同様です。農地側に縦線、農地の外側（野生動物側）に横線があるように設置してしまうと、動物が横線を引っ張り、溶接部分が外れてしまうことがあります。そこで、農地側に横線、農地の外側（野生動物側）に縦線がくるように設置すれば、溶接が外れる危険性が減少します。

Q 小さな動物がワイヤーメッシュ柵を通り抜けてしまう

A ワイヤーメッシュ柵は本来、大型の野生動物に使用するための柵です。タヌキやアナグマ、ハクビシン、テンなどの中型動物はくぐり抜けてしまいます。５㎝格子のワイヤーメッシュも販売されていますが、非常に高価で重く、このサイズを利用できる状況は限られているでしょう。通り抜けを防ぐにはワイヤーメッシュにネットや目合いの細かい金網を合わせる必要があります。安いもので十分ですが、動物種によってはネットを破ることもできるので、こまめなチェックと修復は必要不可欠です。破れたところは結束バンドなどで結びましょう。

Q 上部を外側に折り曲げたワイヤーメッシュ柵に効果はありますか？

A ワイヤーメッシュ柵の上から30㎝程度のところを外側（動物側）に折り曲げることで効果をより高めることができます。まれにイノシシがワイヤーメッシュ柵をよじ上り、乗り越えようとします。これは、ワイヤーメッシュ柵をくぐって中に入れないが、なかなか作物を諦められない個体が起こす行動です。ワイヤーメッシュ柵には目隠し効果がなく、作物がよく見えているため、このような個体がいても不思議ではありません。イノシシがよじ上ろうとしたり、飛び越えようとするときは、柵に近づき、柵の高さや柵との距離を頭部を上げ下げして目で確認します。そのときに柵の上部が覆い被さるように折り返してあるとイノシシは後退します。すると、柵からの距離が遠ざかり、後ろ足で踏み切ることができなくなります。また、柵の上部を折り返すことで実際の柵の高さは数cm低くなりますが、イノシシの目線で見上げると錯視効果が働き、実際よりも柵が高く見えます。

折り返し柵は10cm外側に折れば良い

　このような理由で、折り返しの柵はイノシシのよじ上りや跳躍を確実に防ぐ効果が生まれます。ワイヤーメッシュを折り返すときの角度として、20～25度折り曲げるのが最適ですが、角度をいちいち測るのは大変です。ワイヤーメッシュを折り曲げたとき、先端を元の位置から10cm外側に移動させると覚えてください。

Q 格子の形状は長方形と正方形とどちらがいい？

A 防除効果が高いのは正方形の格子です。もちろん小さな長方形と大きな正方形の格子では小さい方がいいのですが、格子の面積が同じであれば確実に正方形の方が防除効果は高くなります。

　例えば、10cm格子の面積は100cm²です。縦が5cmで横が20cmの長方形も面積は同じです。実際に行った試験でも野生動物は面積が同じであれば正方形よりも長方形を選んでくぐり抜けます。私がよく見かける一番小さな長方形のサイズは縦が5～6cm、横が21～22cm です。面積は105cm²～132cm²です。10cm四方の正方形の面積よりも大きいですね。売る側からすれば、格子の面積を大きくすればワイヤーメッシュに使う原料費が下がるので、当然のことです。

　また、長方形格子の場合、縦線の間隔が広いため野生動物は横線を噛みやすくなります。

捕獲檻(箱罠)

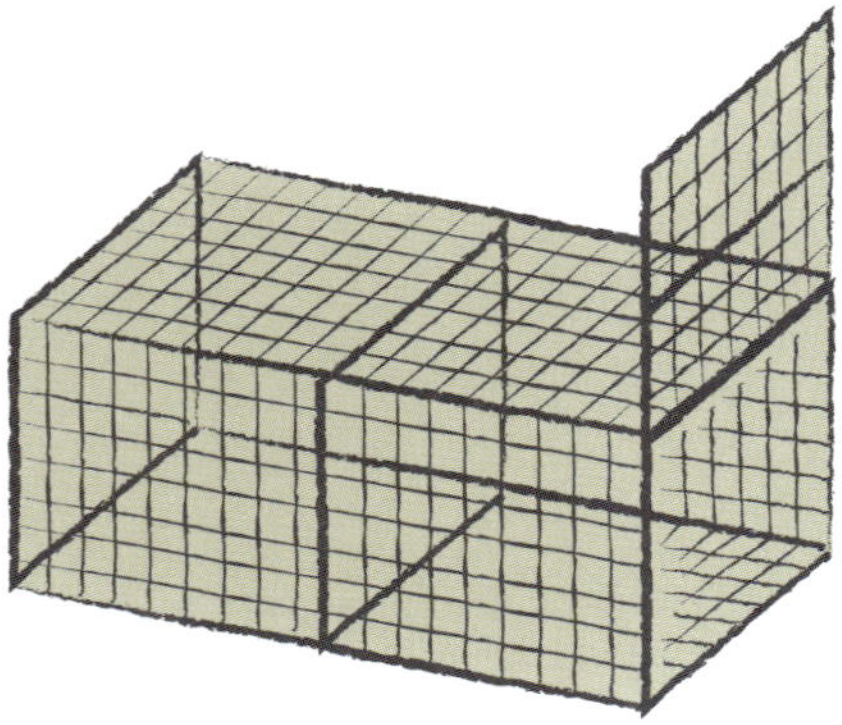

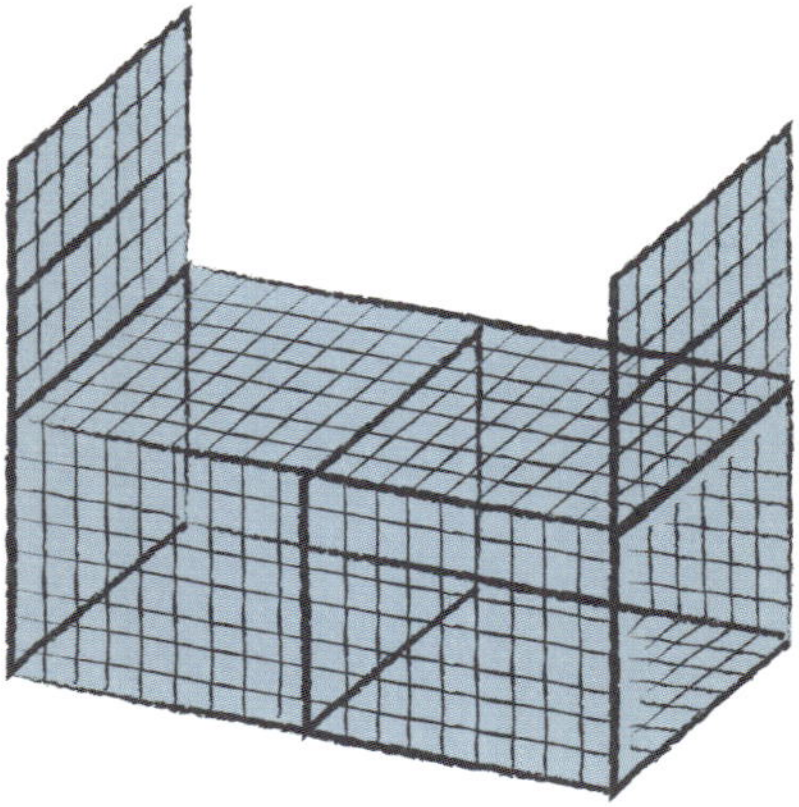

上下に開閉する扉があり、対象の動物が侵入して仕掛けに触れると扉が閉まります。野生動物による農作物被害を減少させるための捕獲装置としては最適です。メリットとして、

1 農地周辺の加害個体を狙える
2 移動しやすく、様々な場所に設置できる
3 手負いの個体を作りにくい
4 初心者に扱いやすい(安全性が高い)

デメリットとしては、

1 一度に複数個体を捕獲するには技術が必要
2 誘引餌の管理が必要
3 取り逃がしによって野生動物に学習されてしまう

などが挙げられます。仕掛けにはバリエーションがあります。それぞれに適切な箱罠の大きさや仕様があるので、特徴と野生動物の行動を把握した上でないと捕獲効果は上がりません。

Q 様々なタイプの捕獲檻を見かけます。どんな構造がいい？

A 個人的な意見ですが、私は一般的な片扉の捕獲檻が一番良いと考えています。足跡から檻の向きは決められるので、両扉の捕獲檻を使用する必要性を感じません。

両扉の場合、既存の片扉檻に扉を追加しているものを多く見かけますが、捕獲できたはずの個体も捕り逃してしまう危険があります。両扉は仕掛けを檻の中央に設置しなければならないので、既存のサイズでは体の大きなイノシシは、足が檻からはみ出てしまいます。どうしても両扉を使いたい場合は檻の長さを延ばして、前後どちらの扉から入っても動物の後ろ足まで檻に入るようにしなければなりません。このような改良をしても、取り逃がしの危険はあります。片扉の場合、動物は後ろに下がって逃げようとしますが、両扉の場合、前方へそのまま逃げられます。バックして逃げるのと前進して逃げるのとでは前進して逃げる方が反応速度が早いですね。

四方すべての面を扉にする捕獲檻は構造上の問題が色々あります。まず固定された壁がなく、柱だけで檻を保持するので、フレームが歪みやすく、扉がスムーズに落ちなくなります。また、設置条件も限りなく平面な場所に限られてしまいます。さらに、扉が落ちる瞬間、中にいた動物は前後左右どこからでも逃げることができてしまうので、できるだけ檻の面積を広げ、捕獲檻から飛び出しにくいよう、注意しなければなりません。

Q 捕獲檻を設置したのに捕獲できません。何が原因でしょうか？

A 対象動物や捕獲檻の状況など、詳しいことが分からないため具体的なことを述べるのはむずかしいのですが、いくつかの押さえるべきポイントをお伝えしましょう。

まずは設置場所です。イノシシやシカなど、対象となる動物の出没状況や痕跡、移動経路など、情報が多ければ多いほど、捕獲には有利です。当たり前だと思われる方も多いと思いますが現場を確認することは非常に重要です。実際に現地で捕獲檻を確認すると、意外にも場所にこだわらずに檻が置かれていることがよくあります。野生動物が普段利用していない場所へ誘引するのは手間がかかり、時間もかかるため、設置場所は非常に重要です。

　次に餌ですが、餌は多くの場合、安価な米ぬかが利用されています。多くの地域で米ぬかが使われており、一部、米ぬかではまったく捕まえられない地域もありますが、基本的には米ぬかで問題ありません。大切なのは、野生動物が感じる米ぬかの相対的な価値を高めることです。捕獲檻の周囲により価値の高い餌があればそちらが優先されるということです。

　小型の捕獲檻は全国で数えきれないほど設置されています。正確な数字は把握できていないようですが、数万とも10万とも言われています。設置されている捕獲檻の半数以上が一年間に1頭も捕獲実績がないとのことです。

Q イノシシが捕獲檻に仕掛けたけり糸に触れてくれません。どうしたらいい？

A イノシシが捕獲檻の中の餌を食べるときに、捕獲檻に仕掛けられている細い糸に触れると、檻の扉が閉まるようになっています。この細い糸が「けり糸」と呼ばれるものです。
　しかし、質問にもあるように、なかなかこのけり糸に触れず、イノシシの捕獲がむずかしくなるときがあります。その場合、まずは餌の置き方をチェックしてください。誘引したい気持ちが強く、捕獲檻の手前に大量の餌を撒いていないでしょうか。イノシシはその餌だけである程度満足したら怪しい檻には足を踏み入れません。少量の誘引餌でもイノシシが気づく位置に檻を設置してください。また、けり糸へ近づくにつれ、餌の量を少しずつ増やしていくと、より効果的でしょう。さらに、捕獲檻入り口の枠を目立たないように土や枯れ葉で隠してください。あくまでも周囲の環境に合わせて、違和感なく、自然に見えるようにして

捕獲檻の餌の価値は周囲の餌との相対的な関係

ください。周りが土なのに枠の上にだけ枯れ葉があるとかえって不自然になってしまい、イノシシに警戒されてしまいます。

　また、イノシシが仕掛けのけり糸を非常に警戒したり、怖がることがあります。その場合、仕掛けの手前にも何本か糸を張ると良いでしょう。捕獲檻の手前の餌の場所にも同じ糸を張って、イノシシが糸に触れても問題ないことを学習させることができます。

　この他にも周囲の農地で電気柵を使っている場合、イノシシがけり糸を敬遠することがあります。電気柵用の電線には色々な種類があります。色のついたナイロン糸にステンレス線を編み込んだものが主流ですが、細いアルミ線やステンレス線を使用する場合もあります。この針金のような線で電気ショックを受けたことのあるイノシシは細い針金状のけり糸に対して電気が流れていると警戒してしまいます。このような場合はけり糸に違う素材を用いたり、植物のつるを用いると良いでしょう。

Q 捕獲檻の中で動物を殺すと、血の匂いが檻に残り捕獲ができなくなると聞いたが、本当？

A イノシシは雑食です。小動物を食べることもあるので血に対する恐怖はありません。また、同じイノシシの血についても同様です。母イノシシは生まれたばかりの子供たちを必死に守ります。

　しかし、子供が死んでしまった場合、必死に守るべき存在から、自分の命をつなぐ餌に変わります。母イノシシは動かなくなった子供を食べることがあります。このような動物ですので、捕獲檻の中で出血しても次の捕獲にはほとんど影響ありません。実際、捕獲檻で止め刺しを行ってもすぐに次の捕獲に成功している現場はたくさん存在します。

捕獲されたイノシシ

大型捕獲檻

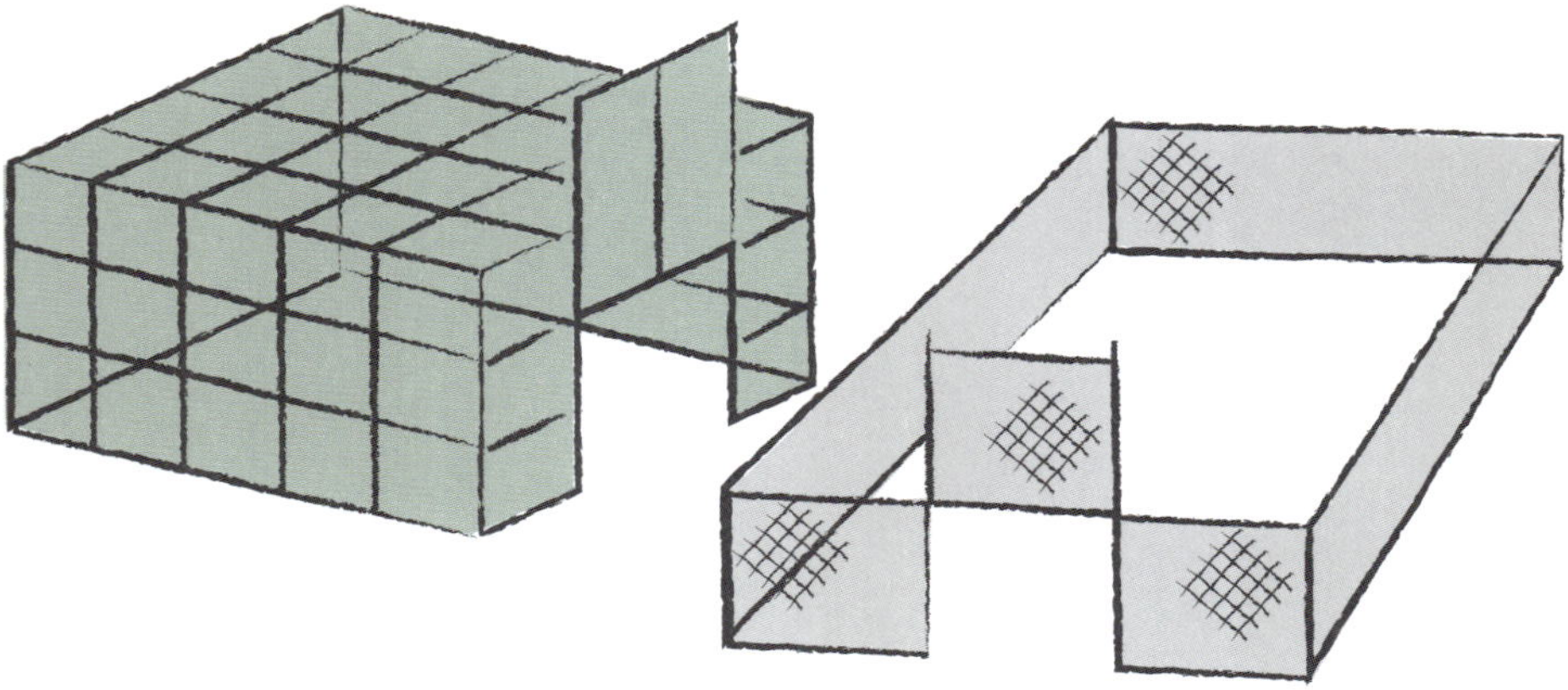

箱罠に比べて大型な囲いで、基本的に天井はありません。壁が低い大型捕獲檻には返しがついている場合もあります。

メリットは、

1 一度に複数個体を捕獲できる
2 手負いの個体を作りにくい

デメリットとしては、

1 設置場所が限定される
2 誘引餌の管理が必要
3 設置後の移動が困難

などが挙げられます。比較的、被害対策には向いています。

Q 地獄檻とは何ですか？ 野生動物を殺す装置？

A 地獄檻とは、サルが餌欲しさに大きな囲いの中に入ると外には出られなくなる大型のニホンザルの捕獲装置のことです。

大型檻とも呼び、図に示したような構造で、檻の下部の柵は金網になっており、中の餌が見えるようになっています。上部の柵はトタンなどの板を用いて、サルが指をかけることができず、登れない構造になっています。ジャンプして逃げることができないように檻の高さも4ｍくらいあります。

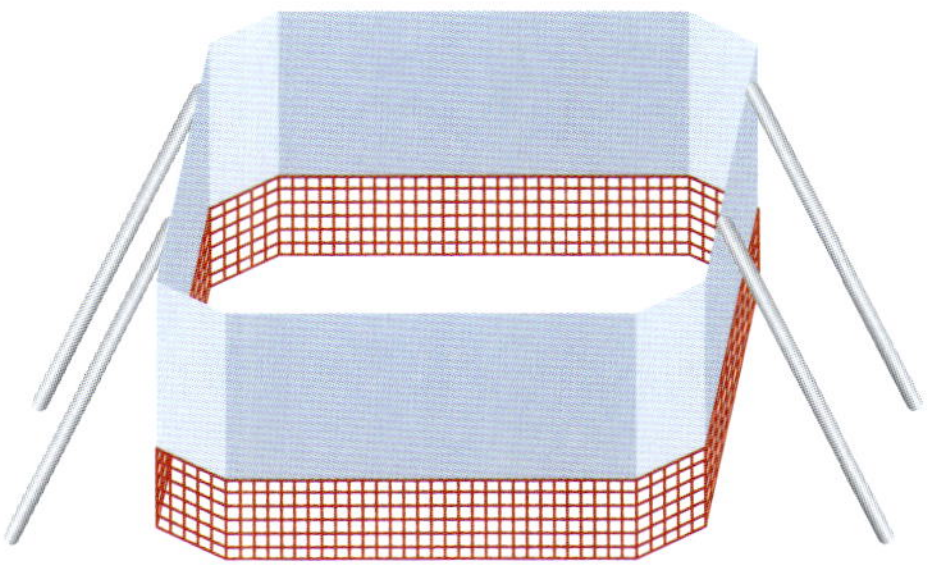
下部が金網、上部がトタンなどの滑る素材。ニホンザルを、外側から棒を伝って侵入させ、簡単には出られない構造になっている

Q ニホンザルを群れごと捕獲する大型捕獲檻を設置しましたが、捕獲できません。何が原因でしょうか？

A 捕獲が上手く進まない原因はいくつか考えられます。まずは設置場所について再度確認をしてみましょう。さすがにサルが出没していないところへ設置はしていないと思いますが、このタイプの檻は広い平地がないと設置できないので、サルの都合よりも人間の都合で設置場所を選定しがちです。

たまにサルが来ないところに設置してしまうミスがありますので気をつけてください。また、檻の周辺で餌が豊富に得られる場所があると、サルもなかなか檻に入ってくれません。

ある地域では地獄檻の中にカキを誘引餌として使用していました。しかし、なかなかサルを捕獲することができませんでした。現場を確認してみると、この捕獲檻の周辺にはたわわに実ったカキの木がたくさんありました。

このような環境ではサルは檻の餌を無視してしまいます。捕獲檻の中の餌がおいしく見えるような環境管理が必要です。

Q 大型捕獲檻について注意事項はありますか？

A 大型捕獲檻は移動が容易ではないので動物に学習されて敬遠されてしまうと目的が果たされなくなります。また、群れやグループ全体を捕まえるために多くの個体が捕獲檻の中に誘引されるまで我慢することも必要です。大型捕獲檻には大量の餌を使用します。捕獲檻の内外に餌を撒いて、野生動物をグループごと、群れごと誘引するわけですが、捕獲檻の周辺に柵をしていない田畑や、放任果樹が存在していると、捕獲檻の中に入るよりもこれらの餌を利用するようになり、被害が拡大します。

　大型捕獲檻はどこにでも簡単に設置できるわけではありません。設置場所に制限があるため注意が必要です。したがって、効率良く捕獲できる場所を選んでください。例えば、集落全体を柵で囲っている地域があった場合、まず柵の点検作業をしっかり行ってください。点検補修をした上で、野生動物が侵入しやすい場所や、河川や道路などによって柵がどうしても連続的に設置できずに分断されているような場所を選びましょう。このような場所は野生動物が通過しやすいので捕獲の効率が上がります。

道路で農地が分断されてい場合など、無理にまとめて囲う必要はない

Q 大型捕獲檻を設置しましたが、野生動物が近寄らず周囲に足跡もありません。なぜでしょうか？

A 大型捕獲檻の場合、よほど条件が良くないとそのまま設置するのはむずかしくなります。地面が凸凹の耕作放棄地などに設置する場合、大型捕獲檻を設置するときに、草刈りや地ならしを行うことがありますが。これらの活動は、被害対策の環境管理にもつながります。したがって、質問のように野生動物が近寄らなくなる可能性があります。

　少し時間をおかないと、捕獲はむずかしいかもしれません。

Q 大型捕獲檻は人工的な素材だと野生動物が警戒するので、金属よりも木材や竹を利用して作る方が良い？

A 大型捕獲檻の構造で特に重要なのは扉です。扉がスムーズにストンと落ちることが絶対条件です。少しでも扉が枠に引っかかってしまうと、それだけ檻が閉まるのに時間がかかり、獲物に逃げられてしまうことになります。金属製であれば、枠の固定は比較的楽ですが、木や竹では歪みやすく、上手く扉が落ちない確率が高くなります。

また、木や竹を使う場合、金網に比べて強度がないため、1本1本の柵が太くなって隙間が少なくなります。柵の中からの見通しが悪くなると野生動物が警戒し、柵の中への誘引効率が悪くなります。

Q 大型捕獲檻の周囲に足跡がたくさんあり、野生動物たちが近づいているのに捕獲は成功しません。どうしてでしょうか？

A どのように餌をまいて野生動物を誘引していますか。無理矢理イノシシやシカを誘引しようと、檻の周辺にたっぷり餌をまいていませんか。このような巻き方は動物に栄養を提供しているだけで、捕獲効率は上がりません。檻のそばまで誘引できているのであれば、檻周辺の餌は極力少なくして、檻の中の魅力を上げることが必要です。

Q 大型捕獲檻は扉が大きいほど捕まえやすい？

A いいえ、扉が大きいから捕獲しやすくなるとは限りません。扉を大きくしすぎてしまうと、むしろデメリットが増えると思います。扉が大きくなるほど、特に横幅が広くなると、レールに当たりやすくなり、上手く扉が閉まらなくなる危険性があります。

また、大きな扉を引き上げてセッティングするのも大変な作業です。さらに、大きな扉が高い位置まで引き上げられると、野生動物に圧感を与えてしまい檻の中に誘引しにくくなります。扉の大きさはほどほどにしましょう。

くくり罠

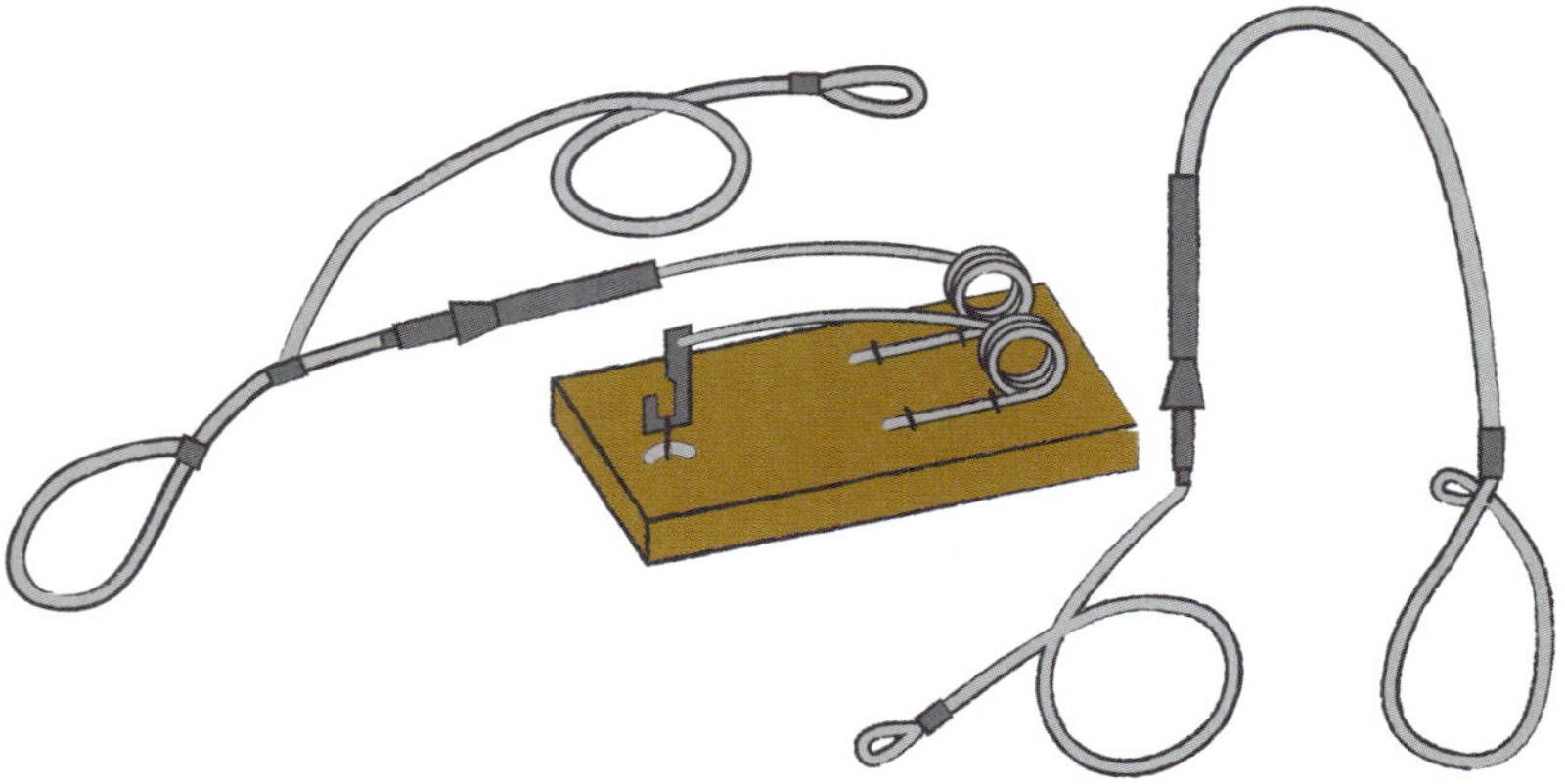

くくり罠のメリットは、

1 誘引餌がいらない
2 狭い場所に設置できる
3 箱罠に入らなくなった個体を捕獲できる
4 安価で購入できる

などが挙げられます。デメリットは、

1 初心者は経験が必要
2 1頭しか捕獲できない
3 止め刺しに技術が必要
4 手負いの個体を作りやすい

などが挙げられます。くくり罠は小型で一度に多く仕掛けることができますが、デメリットにあるように、野生動物が自らの足をちぎって逃げた場合、手負いとなり、人身事故を引き起こす恐れがあるため、農地や集落内や周辺で利用するのは避けたいところです。

Q くくり罠の近くで引き返したようなシカの足跡があります。見切られてしまった？

A くくり罠の設置が多く、捕獲圧が高い地域で、過去にくくり返しシカを捕獲しているような場合、シカが罠の存在や危険を感じ取っているかもしれません。

例えば、罠の設置を知らせる表示版の設置方法が規則的であったり、罠を土や枯葉で覆う場合、罠の上だけに枯葉があったり、土の色が少し違うことがあります。また、雨に打たれたときに地面の様子が変わったり、風の強い地域では罠を覆った土や砂が飛ばされて罠が見えてしまうこともあります。今一度確認してみましょう。

Q くくり罠を設置しました。罠は作動しているのに肝心の野生動物には逃げられてしまい非常に困っています。どうすればいい？

A くくり罠の構造を考えてみましょう。くくり罠は小さな落とし穴を作ってその上に仕掛けます。シカやイノシシなどの野生動物が罠を設置したところに足を踏み入れると、足が地中に入り込むことで仕掛け（踏み板等）が作動し、ワイヤーが引っ張られ、足をくくることができます。この仕掛けが作動するように調整することが、くくり罠を設置する上で重要になります。

人間は二足歩行なので、落とし穴に片足を踏み入れると、残りの1本の足でバランスを取るのがむずかしく、そのままズボッと入ってしまうことが多いのですが、4本足の野生動物にとって、1本の足が地面から離れても、残りの3本の足で十分にバランスが取れます。宙に浮いた足が地面に接するとき、「いつもと違うぞ」と感じた瞬間に足を引き抜くことができます。

したがって、改良点としては、体重がかかるまで、足を抜かせないように、ある程度固さがあり、踏み応えのある落とし穴にする必要があります。落とし穴の表面がやわらかいと、野生動物は瞬間的に足を引き抜いてしまい、くくり罠は作動しても動物は捕まりません。

ICT技術

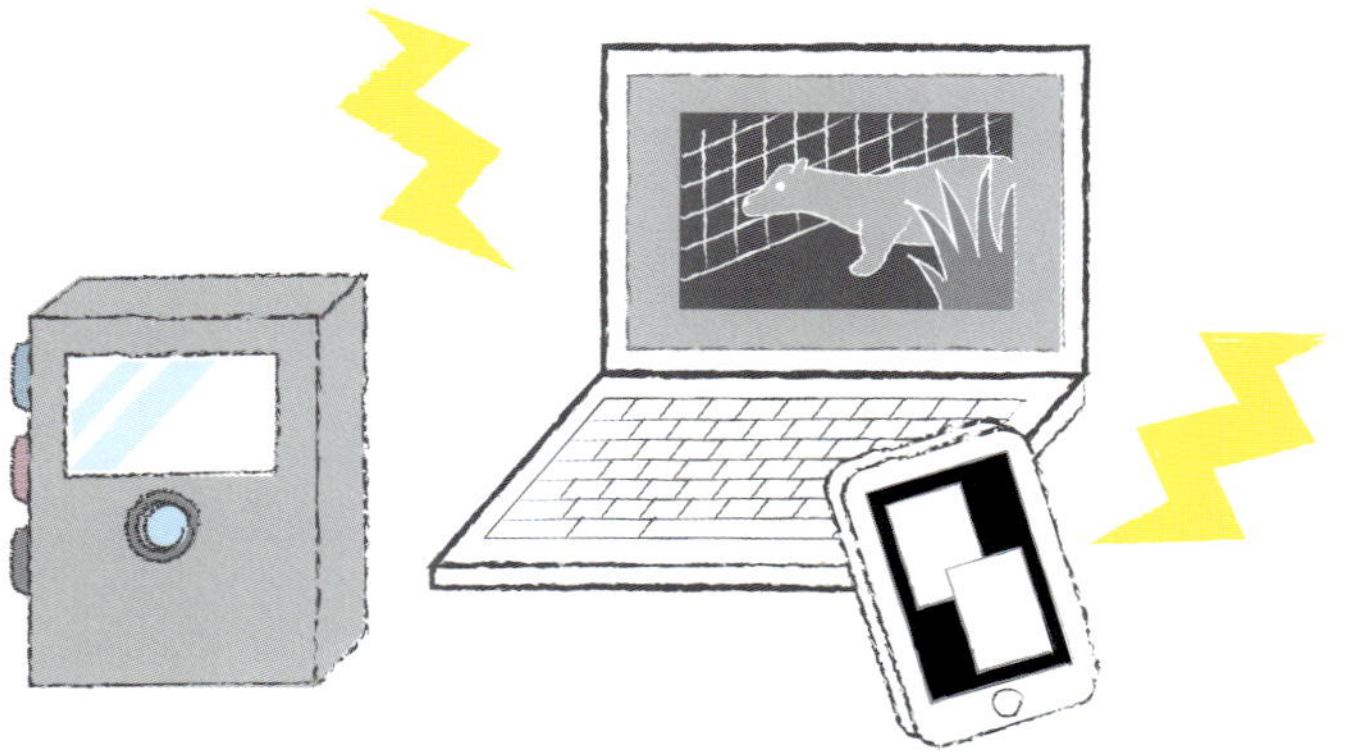

ＩＣＴとはInformation and CommunicationTechnology（インフォメーション・アンド・コミュニケーション・テクノロジー）の略です。ＩＴに通信コミュニケーションの重要性を加えた言葉です。

ＩＣＴ技術を利用した捕獲の一例を挙げると、捕獲器にカメラとセンサーを装着して、動物が侵入するとその情報が捕獲器の管理者へ送信されます。管理者はリアルタイムで捕獲器の画像を確認して、捕獲器の扉を落とすことができる、といった例があり、ＩＣＴを用いた捕獲や、自動追い払い技術も模索されています。

ただ、現状では技術的にも、安全面においても問題点が多く、これら１つ１つを解決していかなくてはなりません。さらに、金額面ではまだ個人で利用できるものはありません。例えば夜間、野生動物の出没をサーモグラフィーで監視して、動物が感知されると持ち主に通報するシステム装置でも、一式で100万円ほどかかるでしょう。しかも、この一式で農地周辺すべてを見渡せるわけではありません。これを何台か組み合わせなければならない点を考えると、コスト面を大幅に下げなければ実用化に向きません。

Q 自動撮影装置とはどのような機械？

A 自動撮影カメラ、センサーカメラとも呼ばれています。カメラにセンサーがついており、動物を感知するとカメラが作動し、撮影を行う装置のことです。

厳密に言えばセンサーは動物を感知するのではなく、熱と動きを感知します。そのため、夜間は赤外光が照射されて暗闇の中でも撮影が可能です。赤外光の照射範囲は機種によって異なりますが10m～30m程度です。撮影した画像はデジタルカメラやビデオカメラなどと同じように、挿入したSDカードに記録されるものがほとんどで、カメラのモニターだけでなく、パソコンなどでも確認することができます。

Q 自動撮影装置を設置したのですが、動物が映っていない画像ばかりです。何が原因でしょうか？

A いくつかの理由が考えられます。センサーは熱を感知してその熱が動いたと認識すれば撮影を開始します。そのため、日光に照らされた草木が風に揺れると、その光の動きによってセンサーが作動してしまうことがあります。したがって、日陰だった場所に太陽や雲の動きで日が当たることによってセンサーが作動することもよくあります。

さらに、自動撮影装置の欠点として、センサーが感知してから撮影が開始されるまでの1秒程度のタイムラグ（間隔）が生まれてしまうことがあります。

したがって、野生動物が素早くカメラの前を移動してしまうと、センサーが感知しても撮影が開始される前にカメラの前を通り過ぎてしまったり、お尻の部分だけが映ってしまうということが起こります。画角などを見ながら設置場所を微調整してください。試行錯誤することで撮影技術は上達します。

自動撮影装置で撮影したシカの写真

Q 同じ所から侵入されるのでカメラを仕掛けたら他の場所から侵入された

A 野生動物というのは警戒心が非常に強く、環境が変わるとその変化に敏感に反応します。

例えば、イノシシがどのように防護柵の中に侵入しているのかを撮影したい場合、これまでに侵入された場所を狙ってカメラを設置することになるでしょう。このとき、柵の内側から侵入場所に向かってカメラを設置する、すなわち侵入するイノシシの正面にカメラを置いてしまうと、イノシシが他の場所から侵入してしまう確率が高くなります。

イノシシは初めて自動撮影装置を設置すると、自動撮影装置が自分にとって危険ではないかを確認する行動をとることがあり、カメラに写らないことがあります。また、イノシシの真正面にカメラを置くと、イノシシがカメラの存在に気づきやすく、例えカメラに慣れたとしても、余計なものが目の前にないところから侵入しようとするのは自然な行動だと考えられます。図に示したように真正面ではなく、横斜めから撮影すると成功する確率が高くなります。

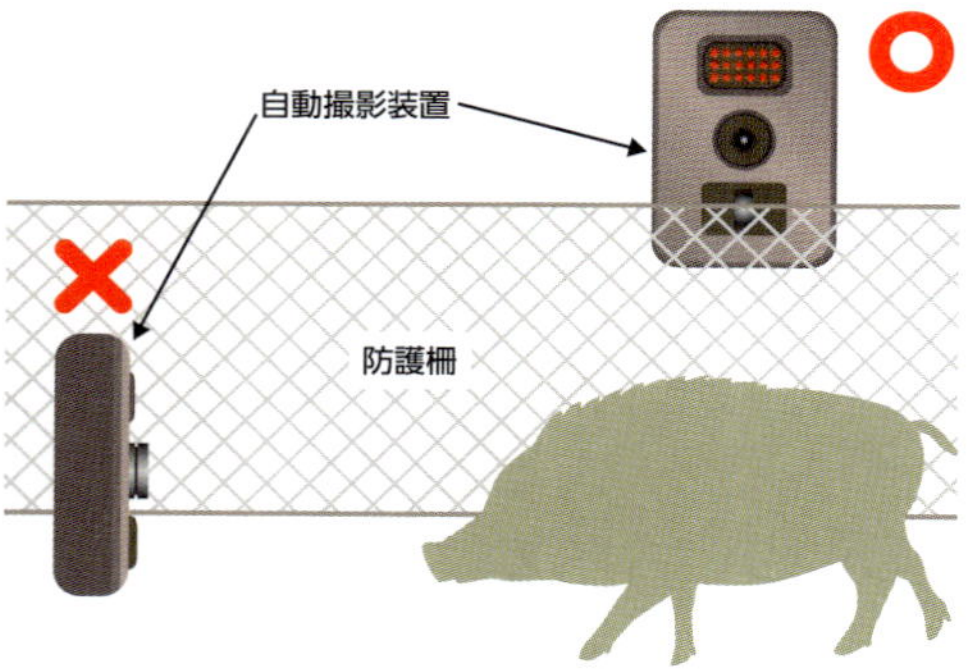

カメラはイノシシの正面より側面から撮影すると良い

Q 人間の代わりに野生動物を追い払うロボットや技術は開発される?

A 野生動物を追いかけるのは大変です。農地周辺や山ぎわの凸凹した地面を動物と同じように(せめて人間並に)動き回れる機械を開発するだけでも大変です。地面の凹凸を感知しながら走行して草を刈る自動草刈機の走行速度は、およそ時速1・5㎞なので、動物を追いかけるのであれば高速化が必要です。

また、群れなど複数いる相手を追い払ったり攻撃を行うにはロボットの数も増やさないといけません。さらに、動物を確実に識別できる知能に関する技術も必要です。非常にむずかしい問題ですが、動き回る動物や隠れている動物を確実に識別できる機械が完成する日もいつかやってくるでしょう。

ただし、皆さんが農業を続けている間にこのような最先端の技術を導入できる人は大金持ちだけでしょう。それから忘れてはならないのは、攻撃された野生動物が逃げ回って農地に入らないように、侵入防止柵を張らなければならないことです。

Q ドローンで野生動物を撃退することは可能？

A 結論から言ってむずかしいでしょう。現在のドローンは1回の飛行可能時間がおよそ7～25分です。飛行時間が短く、実用的ではありません。また25分間飛行可能なドローンは軽量で、搭載済みのカメラ以外のものを装着することができず、高性能で様々なものが装着可能なドローンは7～8分しか継続飛行ができません。

そして価格です。おもちゃのような安いものもありますが、実用的な機種となると一式揃えて10～70万円くらいです。この価格帯でドローンを導入するのであれば防護柵の補強にお金を使った方が良いのではないでしょうか。また、農地に隣接する森林や竹林、耕作放棄地に潜む野生動物に近づくことは困難です。

Q 野生動物はドローンを怖がる？

A 答えはノーです。基本的に動物はドローンを怖がらないと思います。研究としてラジコンによる放牧ウシの観察が行われています。なぜこのような手法が可能なのでしょうか。それは、家畜がラジコンに慣れてしまい、近づいてきても気にしなくなるからです。動物がドローンを気にも止めなくなったり、攻撃するようになっては被害対策として致命的です。実際にインターネットの動画サイトにも、チンパンジーやカンガルー、ヒツジがドローンに攻撃して墜落させる映像を見ることができます。

野生動物からの攻撃を防ぐにはドローン自体に攻撃能力を持たせ、野生動物を怖がらせなければなりません。直接体当たりするわけにいきませんから、飛び道具が必要となります。しかし、ラジコンの操作や自動運転で動物に攻撃させるのは技術的にもむずかしい上に、危険性が高く、倫理的にもむずかしいでしょう。

農村伝説 ―トナカイ編

「クリスマスにサンタと一緒にいるトナカイは角が生え変わらない」

シカの農村伝説ではなく、トナカイの話です。シカの仲間はオスに角が生え、メスには角が生えないのが一般的です。しかし、トナカイは例外でメスにも角が生えます。日本のオスジカは春先に角が落ち、再び角が生えてきます。最初は皮膚に包まれた角（袋角）が伸びます。皮膚には血管が通っており、角の成長を促します。夏から秋にかけて角が成長してくると皮膚は乾燥して、破れ落ち、立派な角が完成します。

一方、トナカイはオスの落角は冬、メスの落角は春と雌雄で落角の時期が異なります。冬に角が抜けないメスと、クリスマスまでなんとか角を落とさず頑張ったオス（一般的には12月中旬までに多くのオスの角が落ちる）がサンタのソリを引いたのかと思いきや、それも違うらしいです。春に抜けたメスの角はクリスマスの時期にはまだ小ぶりで、サンタのソリを引くトナカイのようではないそうです。

クリスマスに立派な角を持っているトナカイは、去勢されたオスだとのことです。去勢されたオスはホルモンのバランスが崩れて角が抜け落ちなくなるため、クリスマスシーズンになっても立派な角が生えたままなのだそうです。

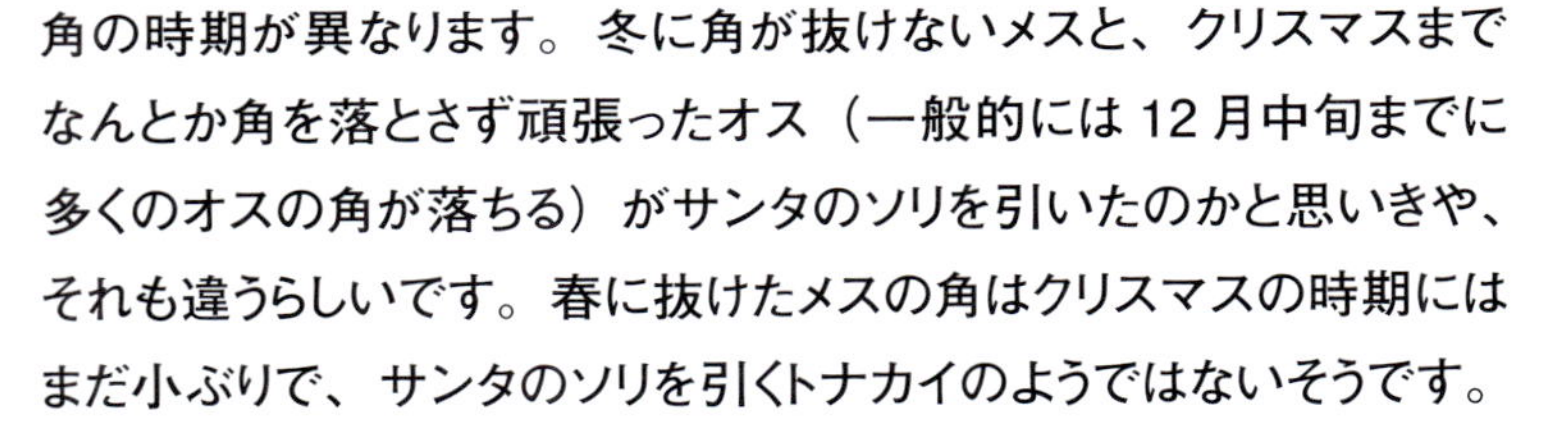

第3章

野生動物の基礎知識

作物を荒らす野生動物によって対策方法は変わります。
犯人を特定するには動物に対する知識が不可欠です。

鳥獣害の見分け方

まずは確認

自分の畑が荒らされた場合、まずどんな動物から被害を受けたのかを判断しなければなりません。しかし、すでに加害獣は逃げてしまっているので、特定するにはむずかしい状況です。

そこで、被害に遭った農地やその周辺に残されている足跡や、食べられた作物の食痕を調べてみましょう。

足跡は雨や風など、時間とともに不鮮明になっていきますので、被害に遭ったらすぐに確認して写真を撮ることをおすすめします。土の上の足跡が見つからない場合、マルチで栽培している作物があれば、マルチシートをよく観察してください。もし足跡があれば、土の上よりも鮮明に残ります。足跡の大きさ、蹄、指の数、爪の有無、爪痕の間隔、足裏の形などでかなり加害獣を絞ることができます。

食痕についても同様で、時間の経過とともに作物が乾燥や腐敗するため、判定がむずかしくなっていきます。作物の食べ方は動物によって特徴があります。

例えばサルは一口食べては捨てる行動が目につきます。したがって、一面に食べ残しが落ちている場合はサルを疑うことができます。

イノシシは前歯が上下ともに生えていますが、シカに上顎の前歯はありません。中型動物の歯は小さいので、噛み跡から動物種を推測することもできます。

鳥類はくちばしでつつくので、鋭い三角形の跡が残ります。その三角形の大きさからカラスなのか、ヒヨドリなのか、スズメなのかが推測できます。果樹袋の破り方や、トウモロコシの食べ方も動物種によって違います。

その他にも加害動物を特定するヒントとして、被害作物の種類や被害部位、被害の時期、農地の周辺環境、立地条件などに注目してください。

また、柵を張っていたにも関わらず侵入されてしまった場合はどこから侵入されたのか、柵の面や支柱のどこに加害獣がつけた泥があるのかを確認することで、加害獣を特定する重要な判断材料を手に入れることができます。

動物のふんも加害獣を識別するための重要な情報です。ただ、ふんが残されているということは、その農地に相当慣れている証拠でもあるので、ふんがないことを祈ります。

判断がむずかしい場合

被害写真を国や県の農業試験場に送って教えてもらっても良いと思います。私たちのところにも問い合わせが多く来ます。

しかし、すぐに分かる場合もあれば意外と悩むことが多いのも事実です。時間が経ってしまった被害作物の写真だけであったり、農地全体が写っているだけの写真だとなかなか判断しにくいのです。研究機関に問い合わせる場合は、痕跡のアップ写真と少し引いた写真、それと農地全体の写真など、何枚かセットで見せると、判定しやすくなるかと思います。

被害対策も総合対策が大切ですが、加害獣の判定も総合的に判定するのが一番確実です。

最近は自動撮影装置が手軽に購入できるようになりました。値段も年々安くなっており、加害獣を判断するにはもってこいの道具です。野生動物を撮影するにはコツが必要ですが、それほどむずかしい技術ではありません。

Q 畑に侵入する動物を見極める方法は？

A それぞれの農地にどんな動物が侵入してくるのか、集落にどんな動物が出没しているのかを知ることは大切です。どの動物が農作物に被害を出しているのかが分かれば、適切な対策を行うことができます。そこで重要となるのが観察です。農地に足跡が残されているのか見てみましょう。

黒マルチが敷かれている畑は、はっきりとした分かりやすい足跡が多く残されています。

食べられた作物もよく見てみましょう。動物は人間のように一粒のお米も残さずきれいに食べることはほとんどしません。多くの場合は農作物の食べ残し部分が畑に落ちている、あるいは果実が茎にぶら下がっているはずです。食べられた部分に鋭い三角のような跡がいくつもあれば、鳥がつついた痕です。一口、二口食べた作物が散乱している場合はサルの仕業の可能性が高くなります。かじった歯形の大きさや形状から判別することも可能です。スイカなどは穴の開け方、果樹などは果実の袋の破り方によっても動物種をある程度判別することができます。

野生動物に詳しくなり、慣れてくると、これはアナグマが食べた後にカラスがやってきてつついたな、ということも分かってきます。

また、すでにネットや柵で農地を囲っている場合は、どこから入られたのかを発見することで、動物種の判別に役立ち、さらに適切な補修や改善ができるようになります。被害に遭ったらこのような痕跡をすぐに見つけましょう。見つけた痕跡の種類が多いほど、正しい判別に近づきます。自分では動物種を断定することができなくても、役場の担当者に情報を持っていけば調べてくれるはずです。痕跡を見ないで動物種を判断するのはとても危険です。

例えば、「最近、県内でハクビシンが捕獲された。ハクビシンは果樹被害を起こす」という情報が頭の中にあると、「自分の家のカキの木が被害に遭った、カキ＝果樹＝ハクビシンの仕業」とついつい考えてしまいがちです。運良く正解であればいいのですが、きちんと調査をしてみると実は他の野生動物の仕業だったということも多いのです。ハクビシンやヌートリアと判断したがアナグマだった、タヌキやハクビシンと思ったらテンだった、と言うことはよくあります。

Q 動物の足跡を農地で見つけましたが足跡図鑑を見てもよく分かりません

A 足跡図鑑には、最もきれいに足跡がついたときの、見本のような図が載っています。例えば、数cm積もった雪の上を歩行したときの足跡です。

しかし、実際に図鑑のような足跡が農地周辺の土の上や道路上で見つかることはまれです。

例えば、イノシシの足跡とシカの足跡の図を見比べてみましょう。図鑑に載っている典型的な足跡を描いてみました（図1）。上の2つがイノシシ、下の2つがシカの足跡です。次に4枚の写真の足跡を見てみましょう（写真1～4）。イノシシとシカの足跡の区別はつきますか？

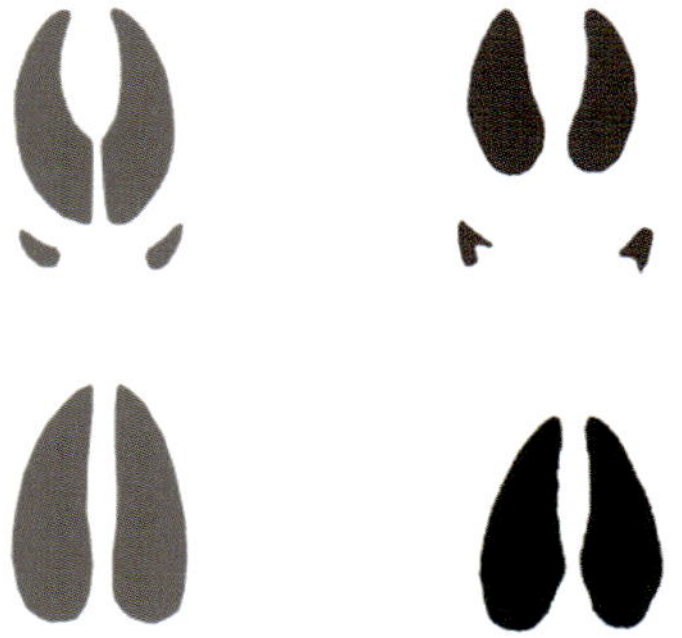

図1　図鑑に掲載される典型的なイノシシ（上段）とシカ（下段）の足跡

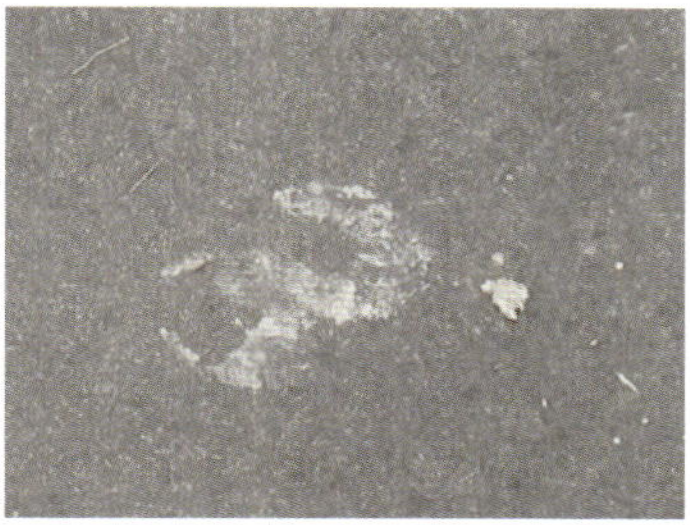

写真1　アスファルトの上に残された足跡

写真2　土の上に残された副蹄のある足跡（横向き）

写真3　土の上に残された副蹄がない足跡

写真4　横向きだが、端の部分に副蹄の跡が認められる

正解は、写真1と写真3がイノシシ、写真2と写真4がシカの足跡です。みなさん、すべてきちんと区別することができたでしょうか？

図鑑に載っているイノシシの足跡には2本の蹄の後ろに小さな副蹄が2つ描かれていますが、シカには描かれていません。しかし、イノシシの足跡の写真にはこの副蹄は写っていませんが、シカの足跡の写真には副蹄が写っています。これはどういうことなのでしょうか？

実はイノシシにもシカにも副蹄はあります。シカの副蹄はイノシシより高い位置についているので、足跡として残りにくく、図鑑には描かれないことが多いのです。

しかし、日本では副蹄があるイノシシの足跡はあまり見られません。私は毎日イノシシの足跡を目にしていますが、図鑑のように副蹄のある足跡に出会うことは非常に少ないです。

足跡図鑑は昔から出版されていますが、当時、イノシシの研究者はほとんどいなかったため、ヨーロッパのイノシシの足跡を参考にしたのではないかと考えられます。ヨーロッパのイノシシは日本のイノシシと同種ですが、体がひと回りもふた回りも大きく、体重があるため、副蹄が足跡として残りやすいのです。それが今日の図鑑にも反映されてしまっているのでしょう。

私にもイノシシの足跡かシカの足跡か区別がつかないときがあります。しかし、足跡だけでなく、獣道の状態や掘り起こしの有無、植物や作物の食痕などから総合的に判断すると、イノシシが来たのか、それともシカが来たのか、あるいは、両方とも来ているのかが判断できます。

Q ふんで野生動物を見分ける方法を教えてください

A 各動物によってふんの形や大きさなどそれぞれ特徴があります。したがって、その特徴を知っていればある程度どの動物がいたのかが分かります。

一般的なふんの識別を考えていきましょう。まず、粒状のふんと言えば、シカとウサギでしょう。シカは1cm程度の俵型の粒長です。ウサギは丸形の粒で、シカのふんより小さく、5mm以上1cm以下の大きさです。

また、動物によってお尻の高さが異なるので、散らばり方も違います、ウサギは地面の近くでふんをするので散らばりが小さく、シカはウサギに比べて広く散らばります。イノシシのふんは一塊になっているものが多く見られますが、実際はクリによく似た粒がぎゅっと固まったような形状です。したがって、水分が十分に取れていないイノシシのふんや、時間が経って乾燥したふんは、クリのような粒々に分かれることもあります。

ただし、図鑑に載っているふんは、その動物のふんの中でも一番よく見られる典型的な（平均的な）写真です。私たち人間も食べ物や健康状態によって色や形、匂いが変わります。野生動物も同じようにいつも同じ餌を食べて、同じふんをするわけではありません。季節によって餌が変わり、ふんの特徴も変化します。今までに見たこともないふんを見つけた場合、それが新しい野生動物のものであれば大発見ですが、そのようなことは非常にまれでしょう。

粒になっていないシカのふん

シカのふんは俵型

新鮮な青草を食べた水分豊富なイノシシのふん

ウサギのふんは丸型の粒

ドングリを食べたイノシシのふん

イノシシのふん

Q ブドウが食害に遭い、ハクビシンかカラスかどちらの仕業なのか意見が割れています

A ブドウの食害の犯人を特定するのは比較的むずかしい作業です。特にハクビシンの食害痕とカラスの食害痕は似ています。その地域にハクビシンが生息しているのであれば、日中はカラス、夜間はハクビシンがやってきてブドウを食べている可能性もあります。また、カラスとハクビシンではブドウの果実袋の破り方も似ています。さらにテンの果実袋の破り方もハクビシンと似ているため注意が必要です。ハクビシンやカラスの食害痕として地面にブドウの皮がたくさん落ちています。したがって皮ごと食べることが多いアライグマは区別がつきます。

果実袋の破り方ですが、ハクビシンは口でくわえて袋を破きます。カラスもくちばしでつまんで破きますが、くちばしの形のような鋭角な破れ痕が見られます。

Q サルにキウイを食べられました。どう対処すべき?

A 農家さんからこのような相談があったので、私はキウイ畑へ確認しに行き、「警察に連絡した方がいいですよ」と答えました。

一般的にサルは一口食べては捨て、また一口食べては捨て、をくり返すことが多く、辺り一面に食い残しが広がります。サルの被害に遭った農家さんは被害に落胆するだけでなく、サルのだらしない、贅沢な食べ方を見て余計に腹を立てています。

ところが、このキウイ畑には食べ残しがまったく落ちていませんでした。果実を残らずきれいに持ち去ったとしか考えられません。一晩にしてこのようなことができるのは人間だけですね。

Q 農地やその周辺に小さな穴がいくつもあいています。これは誰の仕業?

A 小さな穴でもモグラのトンネルであれば分かりやすいと思います。モグラの穴ではなく、直径5cm前後で、深さが数cmの穴であれば、それはアナグマが餌を探した跡ではないでしょうか。アナグマは鼻

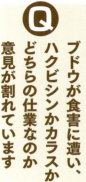

で地面を少し掘りながら餌を探します。顔を上げてミミズをチュルチュルとうどんのように食べている姿も観察されています。イチゴや果樹など、アナグマが好む農作物の農地で小さな穴をいくつも見つけたら、柵を10㎝以上、地面の中に埋めると良いでしょう。ワイヤーメッシュの場合、10㎝の格子では通り抜けてしまうことがあるので、7・5㎝の格子、できれば5㎝の格子のものを選んでください。

アナグマの後ろ足はそれほどではありませんが、前足の筋肉は非常に強く発達しています。この前足で地面を掘り進めていきます。アナグマは農作物被害を起こす野生動物の中でも一、二を争うほどしつこい動物です。農地への侵入口を石などでふさいでも、アナグマはすぐその横を掘って侵入を繰り返し、なかなか諦めません。人間とアナグマの「いたちごっこ」が始まりますので、先手を打って柵を立てましょう。

Q イノシシにタケノコを食べられたが、食痕がバラバラだった

A イノシシはタケノコの下部分を好んで食べるため、外皮とタケノコの上部が食痕として残されることがほとんどです。

一方、サルはイノシシとは逆にタケノコの上部を好んで食べます。食痕はタケノコの一部がバナナの皮を剥いたような状態で残り、タケノコの外皮が数枚ほど地面に落ちますが、イノシシの食痕のように外皮が散乱することはありません。

シカはタケノコの先端部の緑の葉の部分を食べ、タケノコの上部も一緒に食べることがあります。草食動物は食物繊維を効率的に消化できるので、上部のやわらかい外皮も食べることができます。

このように動物種によってタケノコの食べ方が違うので、食痕も異なります。さらに、イノシシが食べ残した部分やサルやシカによって外皮が剥かれた部分をタヌキやアナグマなどの中型野生動物が食べることもあります。

サルはバナナのように皮を剥いてタケノコの上部を食べる

大型動物

イノシシ

イノシシは基本的に年1産、平均4~5頭生みます。冬場の交尾期に受胎できなかったり流産した場合や、出産後まもなく病死や事故で子をすべて失ってしまったメスは秋頃にもう一度出産することがあります。

イノシシの寿命は、自然環境では5年程度と考えられています。飼育のイノシシは10年以上生きることもありますが、やはり5歳を超えると歯が抜けたり、冬場に足を引きずるような行動が目立ちはじめます。

イノシシが鼻で地面を掘る行動はよく知られています。まず、餌を見つけるために土を掘ります。植物の地下茎（根）やイモを食べたりします。土中のミミズや幼虫なども食べます。他にも掘る理由はあります。休息する場所を作るために、楕円状に浅い穴を掘りそこで体を横にします。暑い夏は乾いた地面の表面を鼻で掘るように削って、湿った部分を出し、その上で横になります。体温を下げるために床暖房ならぬ床冷房を作っています。イノシシにはどうしても掘りたい、という欲求もあるようです。飼育イノシシがコンクリートの床の上で、ひたすら掘るまねをする行動もよく観察します。また、飼育下で生まれ、数年間コンクリート床の飼育施設で飼われていた個体を初めて土の運動場に移動させると、一心不乱に土を掘り続け深い穴をあけました。

被害に遭う作物は水稲、麦類、トウモロコシ、サツマイモ、ジャガイモ、サトイモ、カボチャ、スイカ、落花生、クリ、大豆などの豆類も多い。柑橘やカキ、ブドウ、モモ、ナシ、ビワなど果実は基本的に好みます。ナスやピーマン、トマトやホウレンソウなど、家庭菜園で栽培しやすい野菜はそれほど被害に遭いません。

ただ、イノシシはチガヤやイノコヅチなどの植物も好んで食べるので、葉菜類の被害が意外に少ないのは不思議です。菜園では根菜類などに目を奪われてしまうのかもしれません。

イノシシは群れで行動する

イノシシは巧みに隠れて人の行動や捕獲檻をを学習する

岩に体をこすりつける「ぬたうち」を行う姿

Q 山にドングリを増やすことができればドングリが大好きなイノシシは里に出ない？

A イノシシは確かにドングリが大好物です。しかし、残念ながら1年中ドングリで生活しているイノシシはいません。

豊作の年であれば、実りの秋を迎えてから数ヵ月、イノシシはドングリを食べることができるでしょう。それも1年のうちの数ヵ月です。

凶作の年はまともにイノシシの口に入らないこともあります。いくら嗜好性が高いドングリでも、イノシシが食べるのは1年のうちのわずかな期間なのです。ドングリのない期間、農作物や集落内のおいしい食べ物を知っている個体は、再びおいしい農作物を求めて集落へ……。

結局、何も変わらないのです。日本人もここ数十年で世界中の食べ物を知り、日常の食生活に取り入れてきました。今さら昔の食生活に後戻りすることは非常にむずかしいでしょう。イノシシも昔のようにドングリだけを食べて農作物は我慢してくれ、と考えるのは残念ながら通用しないでしょう。

昔はドングリが豊富にあったとされています。しかし、そのドングリが豊富にあった時代より、今の方がイノシシは圧倒的に多いと言われています。

ということは、イノシシにとって今は昔よりも、ドングリ以上に魅力的で好適な餌環境があるということです。ドングリだけでどうにかできる状況でないことを理解できるのは人間だけなのです。

Q タケノコを食べる動物はイノシシ以外にいないのですか？

A 冬から春先にかけて野生動物が得られる餌は減っていきます。厳しい季節を生き抜くために、イノシシだけではなく、シカやサルなどもタケノコを食べます。

しかし、イノシシのように地中深くまで掘ってタケノコを探すことができないので、地上部に出たものを食べます。サルやシカだけでなく、タヌキやアナグマもタケノコを食べます。タケノコの先端部の緑色の部分はウサギも利用するのではないでしょうか。

タケノコの食べ方も動物によってそれぞれ違います。その特徴を知っておくことが大切でしょう。

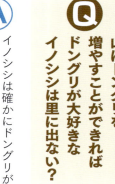

Q イノシシは地表に出たタケノコを食べない？

A イノシシは地表に出てきたタケノコも食べます。地中のタケノコを掘って食べる姿が印象的なので、「イノシシはタケノコを掘って食べる動物」だと勘違いしてしまうのだと思います。地表に出てきたタケノコもイノシシは丁寧に周囲を掘って、下部の基底部を食べるので、被害痕跡は地中のタケノコを取ったように見えてしまいます。

イノシシは地表に出たタケノコも食べる

Q たくさんイノシシを捕獲しているのに被害が減りません

A 捕獲数と被害軽減はリンクしません。10年以上分の全国データですでに分かっていることです。たまたま捕獲数と被害減少が同時に起こる地域もありますが、短期間だけの現象です。被害軽減とリンクしない捕獲について検証してみましょう。質問の状況を見ると、2つの可能性が考えられます。

1つは被害を与えていないイノシシを捕獲している可能性です。イノシシには加害個体と非加害個体がいて、それぞれ生活の仕方が違います。畑や集落に近い獣道を調べて捕獲檻を設置すべきでしょう。

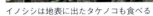

もう1つは取り逃がしの可能性です。農地周辺や集落周辺で捕獲実績があるにもかかわらず、なかなか被害が減らない場合、取り逃がし個体を調べてみる必要があります。被害対策の研修でしばしば捕獲檻の改善点を指摘することがあるのですが、「そんなことしなくてもちゃんと捕まえている。大丈夫だ」と返答されることがあります。

しかし、被害が減っていないということはどこかに問題があるのです。イノシシの群れの中で一頭だけ捕獲されると、残った仲間は捕獲檻について学習します。センサーカメラで撮影した映像では、捕獲檻後、仲間のイノシシが何度も捕獲檻に近づいて探査や観察をしていました。近くに茂みがあれば、夜が明けて、人間が止め刺しをする状況も隠れて見ることもできます。一頭捕まえたことで、その何倍もの、絶対に捕獲檻に入らないイノシシを生み出すことになるのです。このような状況では被害は減りません。

Q イノシシは母性本能が強いはずなのに、イノシシの子供だけが捕まるのはなぜ？

A イノシシの母親の母性本能は強く、出産後、子供を守るために周囲に対して非常に神経質になり、攻撃的になります。この間はすべてを懸けて子を守ろうとします。

しかし、このような時期は意外に短く、2週間長くても3週間ほどです。

自然環境下では妊娠末期の母イノシシは濃い血縁関係を持つメス同士のグループからも離れて出産します。生まれた子供が十分に走り回れるくらいに発達する2~3週間後、再び元のグループに合流します。

合流すると、意外なほどに放任主義にシフトチェンジします。子イノシシはグループ内の他の子供たちと一緒になって行動します。授乳のときだけ自分たちの母親の元へ移動し、また子供たちで集まって遊んでいます。母親もグループ内の一頭が子供たちのそばについて、他の母親たちは周辺で餌探しをしていることがほとんどです。

子イノシシは親の警戒心の強さに比べて非常に好奇心旺盛です。これは母イノシシたちもなかなか制御できません。

したがって、怪しい捕獲檻へ先に近づくのは子イノシシで、母親が安全と認識する前に捕獲檻の扉が降りてしまうのです。このような光景を見た母イノシシは今後、捕獲檻に近づかなくなるのです。

Q お墓の周辺でイノシシの掘り返しに困っています。土を入れ替えれば掘らなくなると業者は言いますが本当でしょうか？

A イノシシの掘る行動を理解すれば、土を入れ替えたところで、結果は同じだと分かります。入れ替えた所は周囲の地面よりもやわらかいはずです。強い鎮圧をかけて

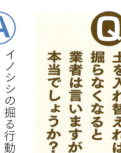

周囲よりも固めるようなことをしない限り、イノシシはさらに喜んで掘り返すでしょう。対策としては、

1 前述の通り、地面を強く固める
2 イノシシが侵入できないように柵を張る
3 マルチで土をカバーする

が考えられます。マルチは意外に効果があるので試しやすいでしょう。その後、ペグでしっかり抑えてください。間違っても石を重しとして使わないこと。石をひっくり返して餌を探したいイノシシを誘引してしまいます。

イノシシは巧みに隠れて人間の行動や捕獲檻を学習する

Q イノシシを一度捕獲すると、同じ場所での二度目の捕獲がむずかしくなる?

A 本来はそんなことはありません。同じ場所で捕獲することは十分可能です。しかし、質問のような状況になる場合もいくつか考えられます。

1つ目は、捕獲檻周辺で活動していたイノシシが単独のオスだけ、あるいは1グループだけだった場合です。首尾よく、オスを捕獲、あるいはグループすべての個体を一度にすべて捕獲できれば、その後、捕獲できないのは当然です。次に同じ場所周辺に新たなイノシシがやって来るまでは捕獲する必要もありません。また、環境管理と防護柵の設置がしっかり行われていなければ、今後、新たなイノシシがやってくる可能性も減ります。

2つ目は、良くない例ですが、せっかく捕獲したにも関わらず、一緒に行動していた個体を取り逃がしてしまった場合です。仲間が捕獲される状況を見たイノシシは捕獲檻の危険性を学習し、捕獲檻に入らなくなる確率が高くなります。

大型動物

シカ

ニホンジカの被害はイノシシと並んで多くなっています。シカは草食動物で、1000種類以上の草を食べると言われています。また、他の野生動物と比べて高密度で生息できることから森林の下層植生を食べつくしてしまい、樹皮を食べたり、食べないと思われていた植物も食べるようになることがあります。

被害に遭う作物も多岐に渡り、水稲、麦類、ソバ、豆類、クリ、サツマイモ、キャベツ、ハクサイ、果樹、茶、タケノコ、シイタケ……と、反芻動物ならではの幅の広さです。

農作物被害で問題になっているのは主に本州や四国、九州に生息するシカと北海道に生息するエゾシカです。エゾシカは放牧地の牧草被害がほとんどなので、ここでは、いわゆるホンシュウジカやホンドジカと呼ばれるシカについて説明します。

シカの体重は50kgから70kg程度の個体が多く、大きなオスでも100kgを超えるのはまれです（エゾシカは100kgを超え、140kgに達する個体もいます）。シカの外貌の特徴はイノシシと正反対で首と足が長くスリムな体つきです。肩までの体高は80㎝くらいで、子（バンビ）は60㎝程度です。体毛は茶色や茶褐色、赤褐色などで、白い斑点が認められます。

シカは一回の出産で一頭ずつ産む単胎動物です。寿命は、シカは平均でオスは6歳、メスは8歳程度と言われています。シカは野生個体でも10歳以上生きる個体は比較的多くいます。メスは15歳以上生きる野生個体も数多く観察されています。シカの寿命の長さも個体数が増えた一因かもしれません。

シカは昼間も夜間も活動します。基本的には明け方や夕方の活動が多く認められますが、人里のように警戒しなければならない場所では夜間に活動する傾向があり、農地への侵入も夜間が多くなります。

オスジカだけに角が生える

逃げ、隠れるシカ

シカによる「ディアライン」

シカが道路に撒かれた融雪剤の塩分を舐めて冬を越すのは本当？

塩で捕獲することもできるのですから、塩化ナトリウムをなめるのは本当です。

「五大栄養素」を知っている方も多いでしょう。私たちが生きていくのに必要な栄養です。炭水化物、タンパク質、脂質の三大栄養素にビタミンとミネラルを含めた5つが五大栄養素です。三大栄養素は私たちの体を作り、生命維持や身体活動などに欠かせないエネルギー源となっています。ビタミンとミネラルは体の調子を整え、他の栄養素の働きを助ける成分です。重要な働きですが、三大栄養素が摂取できていることが前提です。にも関わらず、塩化ナトリウムで冬を越しているような報道が目につきます。

冬場に塩化ナトリウムを好んで摂取するシカはそれ以前に三大栄養素を摂取できている環境があるということです。言い換えれば、仮に融雪剤の使用を止めても、シカは摂取量が微量で良い塩化ナトリウムは摂取することができるので、数を減らすことには直接つながりません。それよりも、冬場にシカの餌となる農作物や牧草を食べさせない取り組みを行うことが大切です。

シカ対策用にネット柵を張りたい

本来野生動物は跳躍することを好みません。農地に侵入する場合も柵と地面の隙間をくぐり抜けることがほとんどです。したがって それほど高さにこだわる必要はありませんが、だからといって低すぎる柵はやはり問題です。

これまでの経験から、1・5m以上あれば対策の幅は広がると思います。被害対策の本には、1・8mや2m以上必要と書いてあるものもあります。対策の基本として柵の接地部分は確実に固定することを前提として、同じ素材の柵を作るなら1・5mより2mの柵の方が、確かに効果があるかもしれません。

しかし、現場では隣の農家の柵の方が低いのに自分の柵は侵入されてしまった、ということがよくあります。図のAは1・5m、Bは2・0mの高さの柵ですが、ネットの張り方に違いがあります。Aは支柱の間隔が狭くネットの上部が直線に近い形

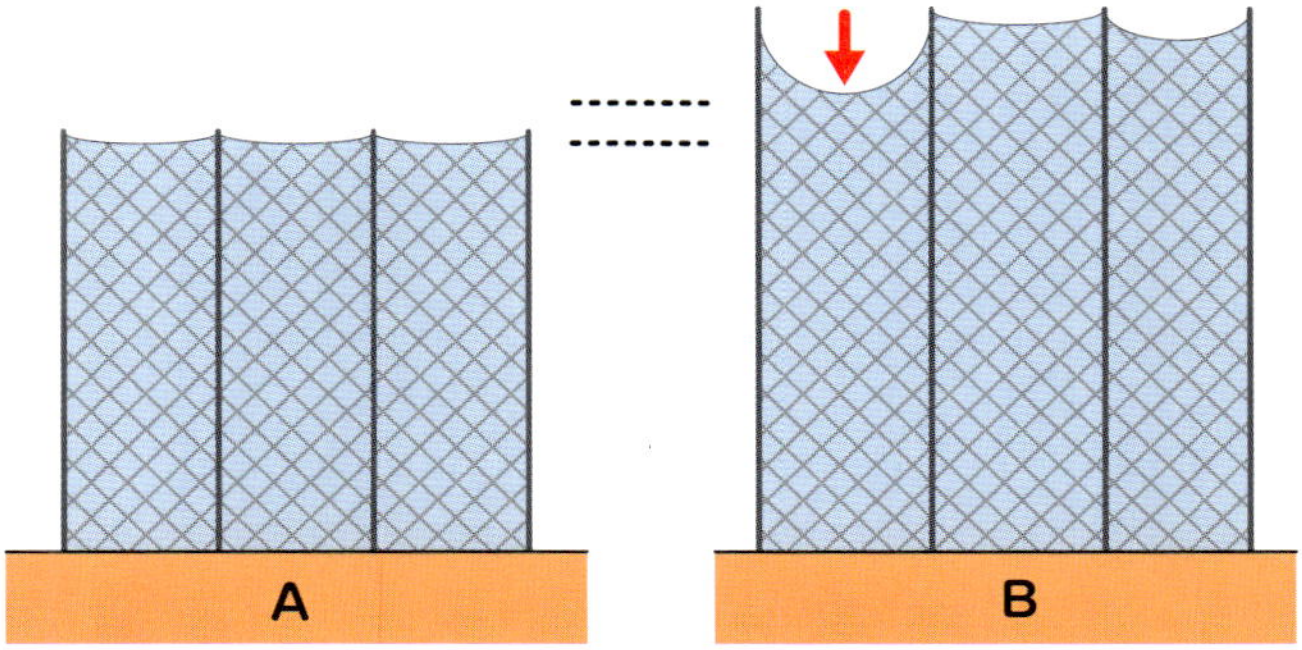

図　背の高い柵でもネットが大きく垂れ下がっている場所があると野生動物は侵入しやすい場所と考える。現場では、左の柵よりも右側の柵の方が野生動物に侵入されやすい

状で張られています。

一方、Bは支柱部分では高さ2mでネットが固定されていますが、支柱の間隔が広く、また、作業も大変なので、ネットの上部が所々たるんでいます。

この場合、被害に遭う確率の高いのはBの柵です。Bのたるんでいるところでも1・5m以上あり、どう考えてもAの柵より背の高い柵ですが、シカにとってはBの方が侵入したくなるようです。

高さがあってもネットが大きくたるんでいると、その場所は他の場所よりも相対的に侵入しやすい場所だと認識してしまうようです。「あそこが狙い目だ」と思わせなければ、多少低い柵でも侵入されないのです。

Q シカに、ネットに穴をあけられ、困っています。どう対処すべき？

A シカ防除用のネットを張っても、穴をあけられ、いつしか大きな穴になって侵入されてしまうことがあります。シカが口でネットを食い破ると考えている方も多いのですが、実はそうでないことが分かってきました。

多くのシカはネット柵から侵入する場合、ジャンプして侵入するのではなく、ネットの下の隙間をくぐることを選択します。くぐり抜けができないと、前足や首をネットの上にかけてネットを引き落として乗り越えようとします。侵入を試みるシカの行動観察から、口でネットを食い破ることはほとんどなく、ネット上部に前足をかけるときに穴があいてしまうことが多いようです。元々は小さな穴でも繰り返しシカの前足がかかってしまったり、穴があいたところにシカが鼻先を押し込んだりしているうちに、シカや他の動物が侵入できるだけの大きな穴になってしまいます。小さな穴を見つけたら結束バンドなどで、こまめに穴を塞ぐことが一番良い方法です。小さな穴なら修復は簡単ですが、大きく広がってしまった穴を直すのは大変です。

結束バンドによって修復されたネット

Q シカは人を襲う?

A シカが人を襲うことはほとんどありません。シカは基本的におとなしく、落ち着いた動物です。

しかし、人に追い詰められて逃げる場所がないときなど、緊急時には反撃することもあります。また、奈良公園のシカのような人に餌づけされたことで図々しくなった個体は、餌を得るために女性や子供に対して攻撃をすることがあります。

シカの攻撃は頭突きが多く、強く噛みつくことはあまりありません。また、シカには上の前歯がありません。したがって噛んでも、痛みは少なく、強い攻撃にはならないのです。また、オスジカは立派な角を持っていますが、これは主に繁殖相手を得るためにシカ同士の闘争に使われており、外敵と戦うためのものではないと考えられています。

Q 多くのシカが生息する場所では「ディアライン」が見えると聞いた。ディアラインとは?

A 山に入ると、高さ2mくらいを境に、線を引いたかのように下側にはまったく草や葉がなく、上側には葉がある状態の場所があります。これはシカが植物を食べつくしたためにできるもので、まるで線を引いたかのような境界線をディア（シカの英語）ラインと呼びます。

　シカは草食に特化し、食欲旺盛で、さらに高密度で生息することができます。したがって、シカが増加した地域の山では、植生が食べ尽くされてしまうことがよくあります。シカは地面の草や首を上げた目の前にある葉を食べます。

　しかし、餌がなくなってきたり、おいしい餌を見つけると、後ろ足で仁王立ちになり、首をいっぱいに伸ばして高い場所にある餌を食べます。1.5mから2mくらいまでの高さの植物を食べることができます。2m以下の草や葉を食い尽くすとディアラインが発生します。

シカによって剥がされた樹皮

樹皮の痕跡は、樹皮剥ぎと角とぎで異なる

Q シカはどのように樹皮を剥ぐ?

A　シカによる樹皮はぎは大きな問題です。木の葉を食べるだけなら良いのですが、樹皮を剥がされてしまうと、その樹木を枯らすことになってしまいます。
　シカは上の前歯がないので、アゴを突き出して、下の前歯で下から上にこそげてから樹皮を口にくわえて引っ張り上げます（写真上）。また、シカは角を樹木に擦りつける角研ぎ（写真下）と言われる行動を行いますが、樹皮の痕跡によって、樹皮はぎか角研ぎか区別ができます。

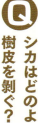

大型動物

サル

ニホンザルは日本の固有種です。ニホンザルによる農作物被害はイノシシやシカに次いで多くなっています。被害の増加にともない、群れの遊動域の変化、拡大や、群れを構成する個体数の増加なども問題になっています。さらには、人馴れによって大胆になった個体が人間の生活域に進出し、家屋侵入や人間を脅す行動も頻発しています。

しかし、サルは元から人間を脅かすような動物ではなく、人間を怖がる動物です。人間の生活が変化し、サルを人里へ誘引し、人間を怖がらなくなるサルの環境を人間が提供していると言っても過言ではありません。また、サルは分類学的に人間に近い動物として知られているので、ニホンザルが必要以上に頭が良いと過大評価されてしまいます。

ニホンザルは本来、数頭から70頭程度の群れを作って生活します。山の中だけで生活するサルの群れは、群れの個体数を維持するのが精一杯です。メスは7〜8歳で初めて出産します。出産の間隔は2〜3年です。赤ん坊の死亡率は30〜50%と高く、個体数増加はままなりません。ところが、里で生活し、人間が農作物を提供してしまうような環境では初産も早まり、年子が生まれ、死亡率も低下します。群れの頭数が100頭を超えることもよくあります。

被害現場ではボスザルをどうにかしてくれと言われますが、基本的にボスザルは存在しません。動物園のような閉鎖環境では餌の取り合いや限られたスペースの取り合いによってボスのように振る舞うオスが出現しますが、自然環境下のニホンザルの群れでは見られません。

ニホンザルは昼行性で活動は昼間に行い、夜間は休息します。この点で夜間でも行動する他の動物に比べて被害対策がやりやすいと言えるでしょう。ニホンザルは霊長類の中ではそれほど進化が進んだサルではありません。チンパンジーやゴリラに比べると比較するのも恥ずかしいほど、ニホンザルの頭の良さは格段に劣ります。

雑食性で何でもよく食べます。植物は果実だけでなく、草や新芽、花も好んで食べます。被害に遭う作物も多岐に渡ります。

また、農家を落胆させるのはその食べ方です。一口食べては捨て、また一口食べては捨てるといった実に無駄な食い残しをします。

サルは本来、人間を怖がる

サルのふん

Q 収穫後もサルの群れが集落をうろついているのはなぜですか?

A 野生動物が集落にいるということは、集落内の農地以外に餌場があると考えるべきでしょう。サルは農作物だけを目指しているわけではないということです。集落の中でサルが餌にしているものを見つけて、それをなくしていく活動が重要です。この時期は山の実りも期待できるので、集落に餌がなければ出没頻度は極端に減少するか、出没しても、単に移動ルートとして足早に移動するだけでしょう。仮に集落内を移動ルートとして利用しているのであれば、そこに追い払いを行うことで、さらにサルにとって魅力のない集落になるはずです。

Q ニホンザルのボスの見つけ方を知りたい

A 野生個体のニホンザルのグループにはボスやリーダーは基本的に存在しないようです。動物園などの閉鎖された環境で飼育個体や人による餌づけに強く依存する群れでは、体力的に強い個体による餌の独り占めが可能な環境が生まれます。このような状況で、強いサルが餌を優先的に食べる光景を見て、群れにボスがいると考えてしまいます。

自然環境で生息する群れは、ボスやリーダーと呼ばれる個体によって統制されているのではなく、もう少し緩い関係で成り立っているようです。移動も決まった誰かが誘導するのではなく、誰かが移動すると、何となく追っていくようです。

Q 投げ返されるから、サルに石を投げて追い払ってはいけない?

A いいえ、どんどん石を投げて追い払ってください。もちろん、もっと強力な飛び道具があればそれを使っていただいた方が効果はあります。

ニホンザルは肩甲骨の構造が人間と少し違いますので、野球投げ、いわゆるオーバーハンドスローができません。投げるとしたら下手投げになります。日本の女子ソフトボール選手は下手投げですごいスピードボールを投げますが、そのような技術はニホンザルにはありませんので、緩いボール（石）になります。サルの投球（投石）を恐れる必要はないでしょう。追い払いの人数が多いほど、サルに恐怖心を学習させることができます。

Q イノシシの被害に加え、サルによる被害も出はじめました。もう収穫は諦めるべき？

A サルの対策はイノシシより簡単です！と言い切ってしまうのは無責任な発言にも聞こえますが、よくよく考えてみると、あながち間違った見解でもありません。

　イノシシやシカは昼夜問わず、人の気配がなければ田畑に侵入します。しかし、サルは、基本的に夜間は活動しないので集落内に現れたり、農地に侵入するのは昼間に限定されます。したがって夜間は心配せずに眠れるのです。

　イノシシやシカをはじめ、多くの野生動物は、連日同じ農地に侵入することがよくありますが、サルの場合、彼らの生活の範囲となる遊動域を移動しながら餌を得るので、ほとんどの場合、週に1回や月に1回といった間隔があきます。したがって、毎日ビクビクしながら田畑を見張る労力は必要ありません。

　また、高齢化の進む地域ではサル対策はむずかしいと言われますが、本当でしょうか？　これも発想の転換が必要です。

　若い人が多い地域では、力強く動きの速い男性はサルの出没する昼間は働きに出ています。若い女性も然りです。集落の人口は減り、監視の目が少ないことはサルにとって好都合です。高齢者の多い地域では定年退職後の男性が多く、昼間でも集落の人口に変わりがなく、監視の目を光らせることができます。高齢者の多い地域ほどサルの被害対策に向いていると考えることもできるのです。

　被害対策は最初が肝心です。サルが集落や人に慣れきってしまわないうちに、人間の怖さを知らせてやりましょう。

Q トタンや金網の上に電気柵を張ったが、サルに侵入された。どうすればいい？

A まずは原因究明が大切です。電気柵の電圧は正常ですか？

　サルが電気柵に触れたときにアースとなる部分も同時に触れているでしょうか。また、電気柵の隙間はどうでしょうか？　10㎝以下の間隔で

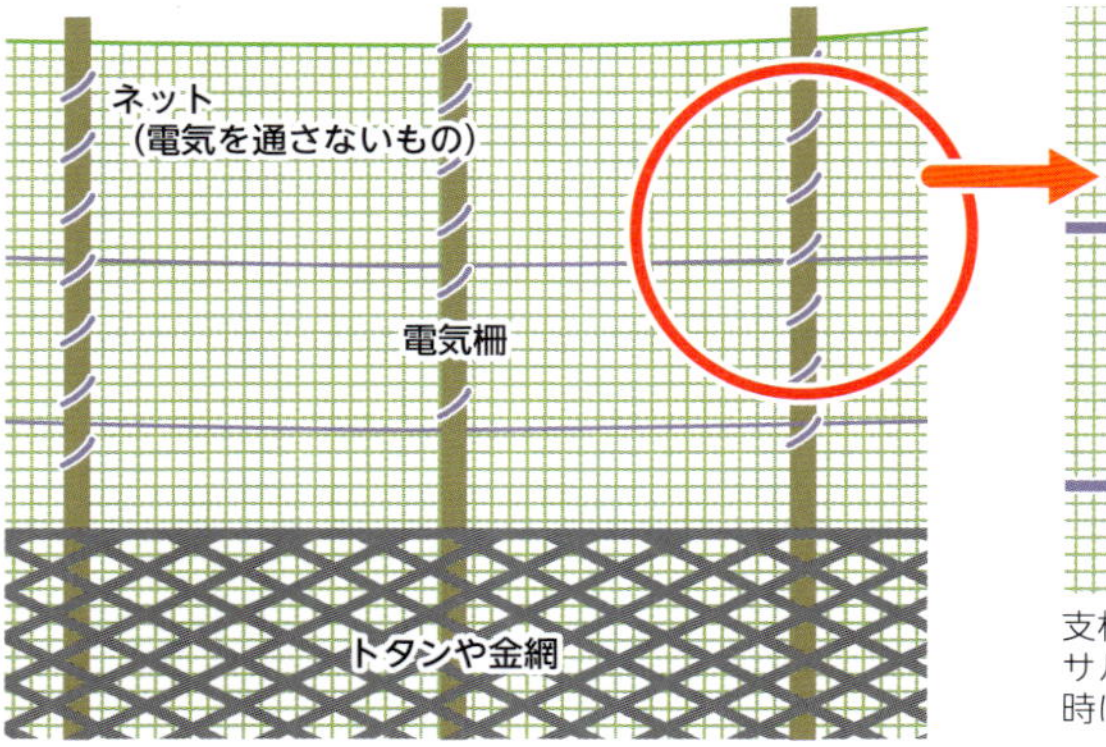

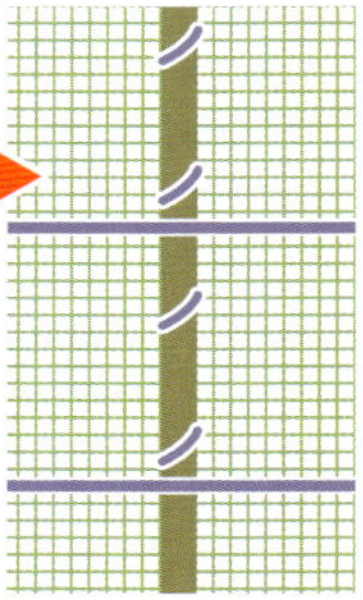

支柱に針金等を巻いてサルが支柱をつかんだ時に感電させる。

張る必要があります。間隔が広いと、金網やトタンと電気柵の隙間をくぐられてしまいます。電気柵の内側（農作物側）に電気柵を素通りさせないように電気の通らないネット（ナイロンや樹脂製）を張れば、電気柵の間隔が多少あいても隙間から侵入されることはありません。

　このような注意点をすべて守っているにも関わらず、侵入されてしまったのであれば、電気柵の支柱に注目しましょう。サルは支柱をつかんで登りたがります。電気柵の支柱にグラスファイバーなど絶縁素材のものを利用し、支柱に沿って電線を張ったり、電気の通るテープを貼るなどの対策を行えば、サルが支柱をつかんだときに感電させることができます。この通電式の支柱は兵庫県美方郡香美町で考案され、「おじろ用心棒」と呼ばれています。

Q モンキードッグは3年目から効果がなくなることが多いと聞きました。これはなぜですか？

A これまでに何度も述べてきましたが、被害対策は総合対策です。これだけやれば大丈夫といった特効薬は存在しません。

　モンキードッグ自体をダメと言っているわけではありません。正しく導入すれば効果はあります。しかしモンキードッグだけでは被害を抑制し続けることができないのです。被害現場では数年周期で対策の流行が発生します。すると、使う人間側はこの対策さえ行えば大丈夫と勘違いしてしまうのです。

　モンキードッグの場合、確かに生

身のイヌがサルを追い払うのですから、サル側からすれば恐怖です。対策初期は効果抜群でしょう。この効果に人間側は大喜びで安心します。イヌさえいれば大丈夫という気持ちが、畑での油断につながります。そうなると、サルはイヌだけに注意を払えば農地に侵入できることを徐々に学習していきます。このような流れで3年目には効果がなくなるという事例が多いのでしょう。モンキードッグは基本的な集落での対策を行った上で使うべきです。

Q サルは一頭ずつ子供を産むのに群れが大きい？

A 山の中だけで暮らしているサルは群れの頭数を維持する程度の繁殖が行われています。初産年齢はイノシシやシカなどの他の野生動物に比べて遅く、7〜8歳です。出産間隔も年子で生むことは少なく、2〜3年空くことがあります。

一方、農作物被害を出しているサルの群れは、栄養状態が良いため、繁殖に変化が起きますが、栄養状態によって産子数は変わらないので、一頭ずつ出産します。

しかし、7〜8歳の初産年齢が2年程早まり、5歳で初産、毎年出産するようになります。山で暮らしているサルの群れに比べて、増加率が2倍にも3倍にも跳ね上がります。さらに、栄養状態が良ければ餓死する個体もいません。免疫力も強く保てるので、病気がこじれて死に至る確率も減少します。集落内で餌を食べさせることは野生動物の繁殖に大きな影響を及ぼします。

Q 体脂肪率が低いからサルは泳げない？

A 確かにチンパンジーはプールに入ると、泳ごうとはせず、立つために底に足を伸ばします。足がつかないと手で、手すりなどの構造物にしがみつきます。泳げない人と同じ行動が認められます。

したがって、シカなどの四つ足動物は起立姿勢や歩行時の姿勢が泳ぐときの姿勢と同じであり、かつ、水面上で呼吸しやすい位置に頭部がある一方、二足歩行の動物は起立歩行と水泳のうつぶせ姿勢がまったく異なる上に、頭部を意識的に上げなければ呼吸ができません。このような理由から泳ぐのに多少の訓練が必要になるのかもしれません。

大型動物

クマ

日本には北海道のヒグマと本州のツキノワグマが生息しています。実はクマによる農作物被害はそれほど多くはありません。主として果樹、トウモロコシなどが被害を受けています。

ツキノワグマは植物食を中心とした雑食性です。また、蜂蜜や昆虫も食べます。魚や動物の死骸を食べることもあります。ツキノワグマがシカの死骸を食べているところも観察されています。林縁部では放任果樹のカキを利用しているクマが多く、木に登った爪痕やふんが民家近くに残されていることがあります。

クマによる人身被害は増加傾向にあり、クマが凶暴化したと噂されますが、クマ自体に大きな変化はなく、森林や人里を含めた環境が変わり、それらがクマの出没や人身事故を促してしまったと考えられます。

クマの繁殖行動は少々変わっています。初夏に交尾しますが、すぐに着床しません。秋にしっかり栄養を摂取できれば冬ごもり中に子を産み、翌春、子を連れて外に出て来ます。しかし、木の実の凶作などで、秋に十分な餌が得られないと、子を生みません。

Q クマの錯誤捕獲が怖く、イノシシの捕獲檻の設置に踏み切れない

A 捕獲だけでは被害は減りません。どうしても捕獲を行いたいのであればクマの錯誤捕獲対策を行ってください。まず、クマが集落に入ってくる要因を断つことです。

1 カキ、クリなどの放任果樹の除去
2 クマが好むトウモロコシ畑、養蜂場があれば侵入防止対策
3 集落内のハチの巣除去、肥料管理

これらを徹底する必要があります。集落へのクマの侵入確率を低くしても錯誤捕獲がゼロになるとは限りません。そこでイノシシ用の捕獲檻にクマが入った場合、クマだけが逃げられるよう天井部に穴をあけた構造にする必要があります。

Q 「トラップハッピー」とは何ですか?

A 「トラップハッピー」とは野生動物がトラップに入るのが好きになってしまう現象のことです。

先の質問で錯誤捕獲を防止するためにクマが逃げられる捕獲檻を設置すると述べました。すると、クマは捕獲檻の餌を食べた後に脱出できることを学習してしまい、その捕獲檻に通い続けるようになる場合があります。

トラップハッピーを防ぐためにはクマを一瞬慌てさせ、「命からがら逃げ出せた」と思わせるようにクマの脱出口を竹や木材で塞ぐのが良いでしょう。他にも、捕獲檻周辺の餌で十分栄養が取れることを学習してしまった動物や、仕掛け糸に触らなければ捕獲檻の中の餌を食べられると学習してしまった個体もトラップハッピーの動物と考えて良いでしょう。

Q クマ鈴は効果がない?

A 人はクマ鈴をつけているので、クマが離れているのだと勘違いして気楽に動き回ります。しかし、クマの多くは鈴の音に気づきその場に隠れているだけなのです。結果、クマに近づきすぎてしまい、人間の接近に恐怖したクマが反撃に出て事故が発生してしまいます。クマ鈴は携帯すべきです。ただし、クマ鈴を過信してはいけません。

中型動物

アナグマ

アナグマはイタチ科に属する日本の在来種です。長い爪と発達した前肢を使って、長く複雑な巣穴を掘って生活しています。

アナグマの体は褐色ですが、一様ではなく、頭部の毛色が少し薄く、足の毛が濃色の個体が多いようです。

アナグマの顔には特徴的な模様があり、目の周囲はパンダのように黒か黒褐色の毛で覆われています。パンダは斜めの楕円形の模様ですが、アナグマは縦長の楕円の模様です。この模様に挟まれた鼻の部分が白いので、よくハクビシンと間違えられてしまいます。

頭から尾までの体長は45〜75cm程度、尾は10〜20cm程度です。メスに比べてオスが大きく、また、地域によっても体の大きさに差があります。

体重は4〜15kg程度ですが、一部の地域の個体は体格が小さく、成獣のメスで4kg程度、オスで7kg程度の個体もいます。

Q アナグマの特徴を教えてください

A アナグマは褐色の毛で覆われています。目の周りはパンダのように黒くなっています。パンダは斜めの楕円形の模様ですが、アナグマは縦長の楕円の模様です。この模様に挟まれた鼻の部分が白いので、よくハクビシンと間違えられてしまいます。頭から尾までの体長は45～75㎝程度、尾は短めで10～20㎝程度です。オスはメスに比べて一回り大きいサイズです。また、地域によっても体の大きさに差があります。体重は4～15kg程度と言われていますが島根県など一部の地域の個体は関東の個体よりも一回り小さいようです。アナグマの足は5本指であり、穴を掘って生活するのに適した長い爪を持ちます。

また、アナグマはほとんど声を出しません。とてもおとなしく、他のイタチ科の動物と比べて落ち着いています。すでに成長した個体を飼育管理下に置いた場合、他の野生動物に比べて早く人間に慣れます。餌を欲しがる場合でも鳴くことはありません。近寄って来て、じーっと見つめてきます。唯一声を出すと言ってもいいのが威嚇のときです。臆病ですが、威嚇行動は激しく、迫力があります。「ガッ」と声を出して突進して直前で止まります。

Q アナグマは何を食べる？

A アナグマは色々なものを食べる雑食性です。生息地域で手に入る昆虫や小動物やミミズをよく食べています。鼻を地面に入れミミズを口でくわえた後に頭を上げ、チュルチュルとミミズをうどんのように食べます。イチゴやカキなど、果物も好んで食べます。ミミズなど、土の中の餌を探すときは鼻を地面にねじこむようにします。このような餌探しが行われた場所には直径数㎝から5㎝くらいの小さな穴が点々とできます。

Q アナグマは夜行性と聞きましたが鼻が良いのですか？

A アナグマの感覚能力について詳しく研究されたものはほとんどありません。アナグマの嗅覚は優れているとする記述もあります。

しかし、視覚と比較してのことであり、科学的な研究データはほとんどありません。イヌのような嗅覚を持っているわけではないようです。野外でアナグマに遭遇した人たちの経験から、比較的鈍感な動物と考えられています。アナグマは餌探しなど、他のことに気を取られていると、そばにいる人間に気づかないことがあります。足下にアナグマがいて、人間の方がビックリすることもあります。

Q アナグマの被害対策を教えてください

A アナグマの対策こそ、予防が一番です。アナグマのしつこさは農作物被害を起こす野生動物の中でも一、二を争います。まずは農作物を食べさせないことです。近所でアナグマの被害が報告されたらすぐにでも行動を起こしましょう。徐々に対策していこうという気持ちではいつまでたっても防ぐことはむずかしいでしょう。

アナグマは夜間に活動する傾向が強いため、被害も夜間に起きることがほとんどです。集落内では茂みや側溝などを使って移動することが多いのですが、慣れた場所では意外に大胆で、舗装道路も平気で歩きます。何も対策をしていない農地では当然のことながら簡単に侵入されてしまうでしょう。

イノシシ対策などの防護柵を設置している場合、柵の穴や隙間、金網やネットの目合いが大きい場合はくぐり抜けて侵入します。くぐり抜けられる隙間がない場合には、地面を掘り、トンネルを作って柵の中に侵入します。また、アナグマが掘った穴をタヌキなども利用して農地に入ってしまいます。一度アナグマに地面を掘られて侵入されてしまったら、その穴だけを塞いでもすぐ横に次から次へと穴を掘られてしまいます。何度も侵入を繰り返されるので、なるべく広範囲に地中を塞ぎましょう。すでに設置した柵の地中はすべて塞ぐべきだと考えてください。

アナグマに侵入されないために、

1 柵は地面に埋め込む構造
2 隙間をあけない
3 ワイヤーメッシュ（金網）の目合いは7・5cm四方以下

であることを念頭に柵を設置します。トタン板を使用する場合、地面に20cm埋め込むと、地上部の高さが45cmになります。この場合、アナグ

アナグマが進入した痕跡

マの指先が柵のてっぺんに届いてしまうので防風ネットなどで高さをつけてください。金網ではよじ登ってしまう可能性があります。トタンは地中に埋めずに他の素材で地中を埋めても構いませんが、地際でのトタンとのつなぎ目に隙間ができないようにしてください。

　また、ワイヤーメッシュなどを地中に埋める際も7・5㎝四方以下の目合いを使用して下さい。8㎝四方の隙間をくぐる成獣もいます。電気柵を使用する場合は、地面から10㎝またはそれ以下の間隔で4段以上、最上段の高さが40㎝以上になるまで張ります。しかし、この張り方は雑草管理が大変なのでおすすめできません。著者らが行った中型動物の運動能力試験に基づき、埼玉県農業技術センターで開発した防護柵（楽々くんや電落くん）も有効ですので埼玉県農業技術センターのHPで参考にしてください。

埼玉農業技術研究センターURL：
http://www.pref.saitama.lg.jp/soshiki/b0909/

Q 木登りが苦手なアナグマは果樹園に来ることはない？

A いいえ、喜んでやって来ます。

木登りが不得意でも、果樹園にはたくさんの果実が落ちています。アナグマはこれらを喜んで食べます。また、肥沃な農地ですから好物のミミズもたくさんいます。木登りは不得意ですが、角度の緩やかな幹や太い枝を登る個体がたまにいます。果樹園などでは果樹棚の柱を補強するために筋交いを設けることも多く、アナグマがこの筋交いを利用して棚に登って、ブドウなどの果実を食べることがあります。この筋交いに太いコンクリートの柱が使われることもあり、アナグマにとって比較的登りやすいようです。

　アナグマが食害した後はブドウのつるが垂れ下がっていることがあり、バランスを崩したアナグマがつるにつかまりながら落下したような痕跡が見つかることもあります。

中型動物

ハクビシン

ハクビシンはジャコウネコ科に属し、元々は日本にいなかった南方系の動物ですが、明治以前にはその存在が知られていました。頭から尾までの体長は約１ｍで、尾が長くその４割以上を占めています。ハクビシンは基本的に夜行性ですので、明るい場所では目撃できないこともありますが、この尾の長さは他の中型動物との比較に役立ちます。顔の特徴は名前の通りに額から鼻にかけて白い線が入っています。ハクビシンは果実食を好みますが小動物も食べます。したがって、被害もブドウ、モモ、ナシなどの果樹が中心となります。

ハクビシンは、人の生活圏にも適応し、民家、公民館、神社仏閣の屋根裏などに棲みつき、子を産む例が増えています。ハクビシンの木登り上手は有名ですが、足裏のパッドやパッドの溝を上手く使い、細い枝や果樹園の枝や蔓を固定する針金も渡ることができます。直径１㎜以下の細い針金でも歩行できる個体もいます。垂直に上る場合でも数㎜の棒を登ることができます。超音波を聞くこともできますが、超音波を嫌がることはありません。

Q ハクビシンは、果物以外は何も食べない？

A ハクビシンは様々な環境で生息しています。山地や農地周辺だけでなく、人口の多い都市部にも生息しています。ある調査によると、都市部のハクビシンの方が栄養状態が良く、体重も重いそうです。

　このように様々な環境で生きられるということから、その食性も多岐に渡っていると考えられます。実際、ハクビシンは雑食性です。もちろん果実を非常に好みますが、軟体動物、節足動物、両生類、爬虫類、鳥類、小型哺乳類なども捕食します。果実の少ない季節には動物質を中心に食べるようです。

　ハクビシンが食べる餌の種類や量は、それぞれの生息環境や季節に依存する傾向にあり、人家周辺では生ゴミを食べることもあります。

Q ハクビシンは雑食性で色々なものを食べるそうですが、一番好きな食べ物は？

A 一番好きな食べ物を選ぶのはむずかしいでしょう。私たち人間の好みが人それぞれなのと同じように、ハクビシンの好みも個体によってそれぞれです。しかし、ハクビシンの味覚からある程度であれば、推測することができます。ハクビシンは甘い物好きだと言われています。果樹被害が多いことからも明らかなようですが、彼らの味覚は甘ければ甘いほどいいのでしょうか。

意外にもハクビシンの「甘味」に対する感受性は鈍感です。よほど甘くないと甘いと感じないようです。「酸味」は低濃度であれば好み、高濃度は嫌がります。また、個体差はありますが、アルコールに対して拒絶を示す個体が多いようです。甘味が強くても、熟して発酵が進んだ果実はあまり好まないという事実は、アルコールに対して拒絶を示すハクビシンが多いということからも裏づけられているようです。

Q ハクビシンとアライグマとではどちらが木登り上手？

A 両者とも非常に上手です。木登りが上手な動物の特徴として、降りるときに頭を下にして降りることができるという点が挙げられます。アライグマもハクビシンも頭を下にして木を降りるので、どちらも上手と言えるでしょう。木登りが上手で身軽なサルやテンも同様に降りることができます。また、逆に木登りが得意でない動物は、降りるときに頭を上にして降ります。人間やタヌキはこの降り方ですね。

アライグマとハクビシンは登り方にそれぞれ特徴があります。アライグマは爪をかけて登り、ハクビシンは手のひらのパッドを使って登ります。例えば、ネット柵を登る場合、アライグマはネットの網目に爪を立てて登り、ハクビシンは支柱をしっかり握って登ります。そのため、農作物が荒らされた場合、ネットに泥がついているかどうかで、侵入した動物を特定できることがあります。

Q 屋根裏にハクビシンが棲んでいました。どこから侵入された？

A 家屋侵入による被害が増えているハクビシン。彼らが入りたくなるような、あるいは、入ることのできる穴や隙間はどのような形状なのでしょうか。ハクビシンが侵入できる隙間の大きさを調べたところ、ハクビシンの成獣は春から夏にかけて体重の少ないとき（3kg以下）は8cm、冬場の体重が増えたときは9cm四方の正方形の入り口を通過することができました。しかし、入り口の形を長方形にすると、短辺が6cmでも通過することができました。長方形の隙間や穴はハクビシンが一生懸命侵入したくなる形状なのです。このような隙間は日本家屋に

ハクビシンはパッド（足の裏）で登る

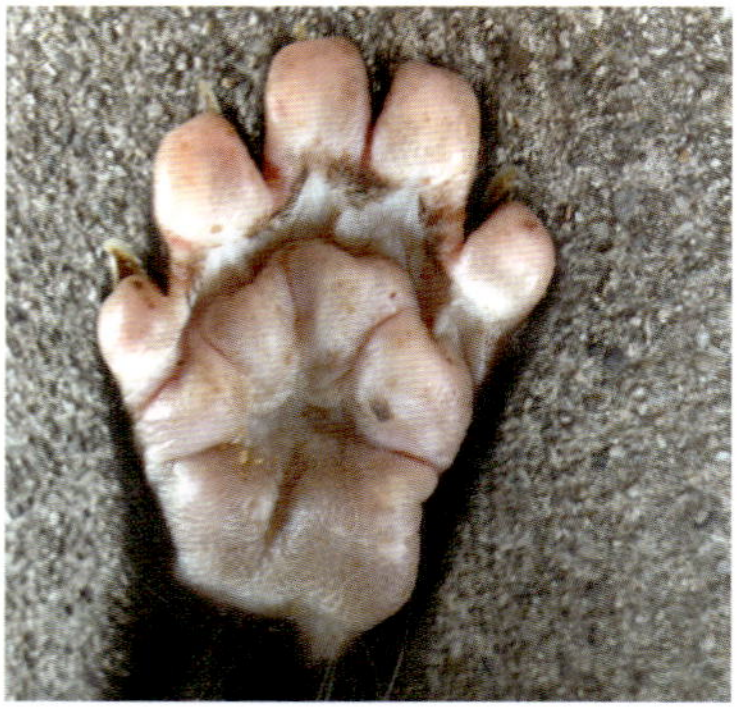

吸盤のようなパッドを持つハクビシンの足裏

は至る所にありますね。このような隙間は金網で塞ぐと有効です。

Q ハクビシンやアライグマを光で追い払える？

A 光に対してハクビシンはどのような反応をするのでしょうか。農作物の被害現場では光を照射することで、野生動物を追い払おうとする試みも行われていますが、なかなか上手くいかないのが現状です。そこで、ハクビシンに対して光の照射実験を行いました。ハクビシンがライトから1mまで近づくと、車のヘッドライト以上の光を照射するようにしました。しかし、ハクビシンたちは驚く様子もなく光の存在を無視したり、光にどんどん近づいたり、光源をのぞき込んでいました。このような反応では光を防除に使うのはむずかしいでしょう。基本的に夜間動き回るアライグマは昼間でも平気で活動します。したがって光の効き目はないでしょう。また、アライグマとハクビシンに対して、超音波も忌避効果がないことも分かっています。

Q 収穫前のラッカセイが被害に遭いました。周囲の果樹園を荒らすハクビシンの仕業だと考えています。対策を教えてください

A 周囲の農地の被害状況からハクビシンの仕業と考えたようですね。しかし、ハクビシンが加害獣の可能性は低いと思います。皆さんもご存じの通り、落花生は地中に実が成ります。

ところが、ハクビシンは地面を掘る行動はほとんどしません。餌を食べるために土を掘る行動も私の知る限りほとんど観察されていないので、ハクビシン以外の動物を疑った方がいいかもしれません。

アナグマやタヌキ、イノシシなどが土の中の餌も好みますが、ハクビシンを疑う状況ですから、ハクビシンに近い大きさのタヌキやアナグマかもしれません。特にタヌキはワイヤーなど、紐状のものを噛み切るのが大好きなので、落花生の花から地中に延びたつるに興味が行くことは十分に考えられます。

中型動物

アライグマ

アライグマは北米原産の動物で、飼育動物として日本に輸入されるようになりました。ご存じの方も多いと思いますが、アライグマと少年の交流を描いたアニメがきっかけです。

アライグマは、タヌキやアナグマ、ハクビシンと姿形や大きさがよく似た動物ですが、尾に縞があるので、区別は容易です。アライグマは意外と大きく、体重が8kg以上になることもあります。このぐらいになると、ニホンザルのメスとあまり変わりません。

アライグマは春先に3~4頭出産します。幼齢期は遊び好きで、人間にも慣れます。しかし、成長すると急激に攻撃性が強くなります。この性質によって飼育を放棄された個体が自然で生き延び、現在の状況を生み出しました。

雑食性で小動物や果実をよく好みます。木登りが得意なので、果樹園などが甚大な被害に遭い、農地への侵入を防止するにも一苦労です。

Q アライグマは凶暴？

A 日本人にとってアライグマのイメージといえば、かつてテレビアニメで流行した「アライグマラスカル」の影響を受けています。ここで登場するアライグマのラスカルは非常に可愛らしく、また、頭も良いため「アライグマはペットとして飼うことができる」というイメージを視聴者に与えてしまいました。

しかし、アライグマは幼獣の間はおとなしく可愛いのですが、成長すると、野性的になり、手に負えない存在になります。外来生物法ができる前にもアライグマの研究を学生たちとしていましたが、幼獣の間は本当に可愛く、研究施設の敷地内を一緒に散歩できるほどでした。疲れると、立ち止まり、抱っこされるのを待つほど学生に甘えていました。しかし、成長すると、ある日突然、人を威嚇し、自分の体に触れさせるのを拒否しはじめました。

アライグマの成獣は気性の荒い動物です。安易にアニメに憧れてアライグマを飼ったものの手に負えなくなり、放してしまうことが各地で起こりました。そして、日本全国に棲みつくようになってしまったのです。

Q アライグマとハクビシンは何を食べている？

A アライグマもハクビシンも雑食性でいろいろなものを食べます。昆虫や果樹、野菜も食べます。アライグマは魚食性もあり、ハクビシンは鳥も食べます。

Q アライグマは外来生物でハクビシンは違うと聞いたが本当？

A 外来生物法で外来生物と指定されている動物の基準は、明治時代以降に日本に入ってきた生物かどうかです。この基準を元に考えてみましょう。

アライグマは戦後にペットとして日本に渡ってきました。一方、ハクビシンは数回に分けて大陸から渡ってきたと言われていますが明治時代や江戸時代にも存在していたという記述があります。そのためアライグマだけが外来生物と指定されているわけです。

中型動物

テン

テンはアナグマと同じく、イタチ科に属します。中型動物に分類される中でも体は小さく、体重は1～1・5kg程度です。体長は50cm程度、尾は20cm程度で、メスよりオスの方が大きいです。

テンは森林に生息しています。人里近くでも見られ、近年は民家や神社仏閣、倉庫の屋根裏に侵入して生活している例も増えています。日中は樹洞などに潜んで、夜間に活動することが多い動物です。

テンは非常に身軽で素早く動き回ることができます。木登りも得意で垂直方向の動きも水平方向の動きと遜色ないほどです。幅跳びなどの跳躍も得意です。カキの木などは細い枝の先まで到達できます。

テンは雑食で、植物はカキやヤマブドウ、アケビなどを好んで食べます。昆虫や小動物も食べますが、鶏舎に侵入してニワトリを襲うこともあります。農作物被害はカキやミカン、イチゴなどが多いですが、畜舎や倉庫の家畜用の資料を盗食することもあります。

Q テンに似た顔の黒い動物を見た。仲間？

A その動物を見たのはが初夏から秋であれば正真正銘のテンです。どちらかというと、白い顔のテンの方が知られていますが、顔が白いのは冬の顔です。夏場のテンは顔が黒くなり、四肢も黒くなります、晩秋から徐々に顔が白くなり、冬になると真っ白になります。

Q 自動撮影装置に小動物が映りました。見分ける方法は？

A 他の動物が写っていれば、イノシシやタヌキなどの動物との体のサイズを比較してみましょう。小動物とあるので、ここではタヌキと同等かそれより小さい動物と考えてみます。また、どのようなシルエットか、どのように移動していたのか、どこを歩いていたのかもヒントになります。体長と尾の比率も良いヒントになります。尾が体の半分くらいあれば、ハクビシン、とても短ければアナグマ、その中間であれば、タヌキやテン、アライグマです。タヌキとアライグマはシルエットが比較的似ていますが、細長くスリムであればテンの可能性が高いです。歩き方にも特徴はありますが、見慣れないと判断がむずかしいかもしれません。歩いていた場所がいつも地面であれば、タヌキ、アナグマの可能性が高く、倒れて横たわっている竹の上をひょこひょこと歩いているのであれば、テンの可能性が高いでしょう。

Q イチゴが被害に遭い、イノシシ用の電気柵で対策したが被害は減らず、石の上にふんがあった。犯人は誰でしょうか

A イノシシ用の電気柵をしているにも関わらず侵入されているので、体の小さい動物だと考えられます。また、石の上にふんがあるのでイタチかテンではないでしょうか。イタチやテンは縄張りを主張するために石やブロックのような少し高いところに糞をするといわれています。テンは体がイタチより大きく、直径1㎝程度長さ5㎝前後のふんをします。ふんもよく観察してください。糞に白っぽい小さな粒がたくさんついているのではないでしょうか。おそらくイチゴの種だと思います。

中型動物

ヌートリア

ヌートリアはヌートリア科に属するネズミの仲間です。河川などの水辺で生息し、泳ぎが得意な動物で、後ろ足の指の間には水搔きがあります。河川以外にも沼や水田用の溜め池にも多く生息していますので、沼狸（ぬまたぬき）とも呼ばれています。河川の土手や中州に穴を掘って巣を作ります。

南米に生息する動物ですが、戦前に毛皮を獲る目的で輸入し、日本で飼育されました。しかし、その毛質は悪く、戦後すぐに利用されなくなりました。その後、放逐されて日本国内で繁殖し、各地で生息するようになりました。

ネズミと言っても大型で、平均的な個体で5kg以上になります。尾が細長く、見た目は大きなネズミです。特徴的なのが発達した切歯で、鮮やかなオレンジ色をしています。ホテイアオイ、マコモ、ハスなど水辺の植物の葉、茎、地下茎を食べます。陸上ではイネ科を中心とした植物を食べます。農作物被害は水稲が多く、田植え時期から被害に遭います。冬場はニンジンやダイコンなどの根菜類が被害に遭います。

Q 絶滅したカワウソを見たという知人がいます。ニホンカワウソであれば大発見ではないでしょうか？

A カワウソではなく、ヌートリアを見たのではないでしょうか。ニホンカワウソは1979年を最後に生息の確認が取れていません。

カワウソは1965年に国の天然記念物に指定されましたが、2012年に環境省が絶滅種に指定しました。

その後もカワウソ見かけたとの情報を一般の方から受けるようになりましたが、実際にはカワウソではなく、近年、分布を広げているヌートリアと勘違いしてしまうようです。

陸地で、ひなたぼっこをしているヌートリアの姿は大きなネズミそのものですが、池や川で泳ぐ姿は優雅で、カワウソを見たことのない人が勘違いしてしまっても仕方がありません。

頭と背中の一部を水面から出して泳ぐ姿や尾が長いことも共通点ですが、カワウソは魚を捕らえるためにちょこまかと方向転換をしたり、潜水を繰り返したりして落ち着きがありません。

一方、ヌートリアは草食なので動く獲物を捕る必要がありませんからカワウソと比較すると落ち着いた泳ぎを見せてくれます。

ヌートリアの後ろ足の水かき

Q 右足と左足の間に一本の線がついた不思議な足跡を発見。これは誰の足跡？

A おそらくヌートリアの足跡です。ヌートリアは尻尾を引きずって歩きますので、ぬかるんだ場所ややわらかい土の上では両足の間に線のような尻尾の跡が残ります。後ろ足には水掻きがあるので、水掻きのない足跡と水掻きのある足跡が混ざっていればヌートリアで間違いないでしょう。

中型動物

タヌキ

タヌキはその存在を知らない人はいないほど、私たち日本人になじみのある動物です。イヌ科の動物で雑食です。動物質は、昆虫や両生類、ヘビやトカゲなどの爬虫類、小型のげっ歯類、鳥や卵なども食べます。植物質は茎や根、葉、果実や木の実など、幅広い食性を持ちます。タヌキは広範囲に分布域を持ち、海岸沿いに生息するタヌキはカニやウニ、打ち上げられた海の生き物の死体も食べています。池や川などでは前足ですくい出して魚を取ることもあります。

体長は60～70㎝、尾は短く、体色は褐色ですが、前足から肩にかけて黒い帯があり、特徴的です。後足も黒色の毛が生えています。体重は約3～5㎏です。春から初夏にかけて平均4～5頭の子を生みます。生まれたてのタヌキは小さく100g程度です。

タヌキは基本的に木登りが不得意です。様々な作物が被害に遭いますが、トウモロコシ、サツマイモ、大豆、スイカ、ミカン、イチゴ、トマト、キュウリなどが被害に遭いやすいです。

Q タヌキは木登りができると聞きました。果樹も被害に遭う？

A 人間がどのレベルで動物のことを説明しているのかを理解するのは、非常に困難です。例えば、人間の走る速さについて、「人間は100mを10秒以内で走ることができる」と説明することができます。しかし、実際に10秒以内で走ることのできる人間はほんのごくわずかです。ですからこの説明は間違いではありませんが、おそらく人類の99%はこの説明には当てはまりません。動物について説明するとき、このようなレベルでの説明が氾濫しています。タヌキの木登り能力もこの範疇に入るでしょう。

普段から頻繁に木を登り降りしているアライグマやハクビシンに比べて、タヌキの木登りの能力は圧倒的に劣ります。ほとんど木登りをしない個体が大半です。しかし、中には木登りに挑戦する個体が存在し、地域的にその割合が少し多い所もあります。

一般的なタヌキの木登り能力を説明するとしたら、「基本的にタヌキは木登りが苦手であり、木登り行動はほとんどしません。まれに木を登る個体もいますが、そのような個体でもハクビシンやアライグマなどの木登り能力にはまったく歯が立ちません」となるでしょう。

果樹がタヌキにやられる場合、剪定により果樹の幹が垂直ではなく、斜めに傾斜して伸びている場合がほとんどです。それもかなり傾斜が緩い場合です。木登りの能力が低くても狙うことができるのです。

Q ワイヤーメッシュの下半分にトタンを組み合わせたところ、地面を掘った穴がありタヌキが侵入しました

A タヌキは、穴掘りが上手ではありません。これまでに何度もタヌキが地面に穴を掘って農地に侵入しようと試みる行動を見てきましたが、成功した例はありませんでした。柵の下をトンネルのように掘った痕跡があるのであれば、タヌキ以外の動物が掘ったものだと考えられます。おそらく、アナグマが掘った穴をタヌキが利用したのでしょう。アナグマは主に夜活動するので、タヌキに比べて昼間に農家に見つかる確率が少ないため、タヌキが穴を掘ったと考えたのでしょう。

中型動物の見分け方 一覧表

姿格好が似ていても、遺伝的にまったく異なる中型動物。
違いをしっかりと知り、見分けられるようになることは
中型動物の被害対策において非常に重要である。

■アナグマ

目の周囲が黒または黒褐色の毛で覆われている。
ただし、パンダのような斜めの楕円ではなく縦長の楕円。

分類 イタチ科アナグマ属　体長 約40〜50cm　尾長 約5〜10cm

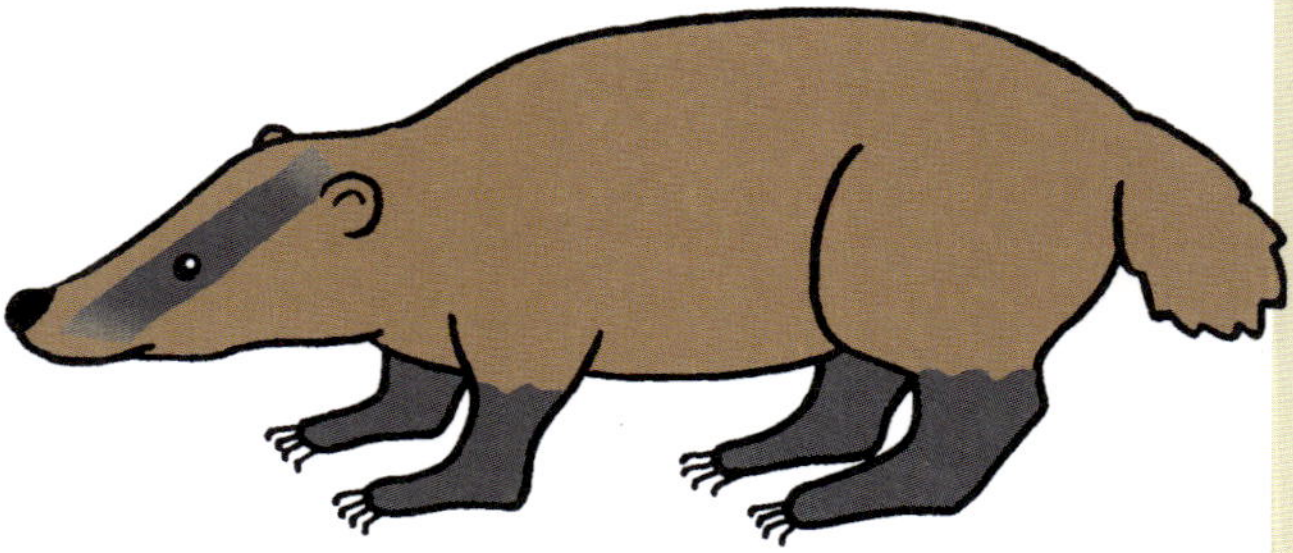

■ハクビシン

全長の約4割を占める非常に長い尾と、
額から鼻にかけて入る白い線が特徴。

分類 ジャコウネコ科ハクビシン属　体長 約55〜65cm　尾長 約40〜45cm

アライグマ

タヌキやアナグマ、アライグマなどと姿や形は似ているが、
尾に縞があるため簡単に区別ができる。

分 類　アライグマ科アライグマ属　体 長　約40〜60cm　尾 長　約30〜40cm

テ　ン

中型動物に分類されるなかでも体は小さい。
また、夏場は顔も四肢も黒いが、晩秋から徐々に白くなっていくので注意が必要。

分 類　イタチ科テン属　体 長　約45〜55cm　尾 長　約20cm

ヌートリア

大きなネズミのような見た目で、発達した切歯は鮮やかなオレンジ色。
無数に生える白いヒゲも特徴的。

分 類　ヌートリア科ヌートリア属　体 長　約50〜70cm　尾 長　約35〜45cm

タヌキ

尾の短さと、褐色の体に、前足から後足にかけて生える黒色の帯が特徴。

分 類　イヌ科タヌキ属　体 長　約50〜60cm　尾 長　約15〜20cm

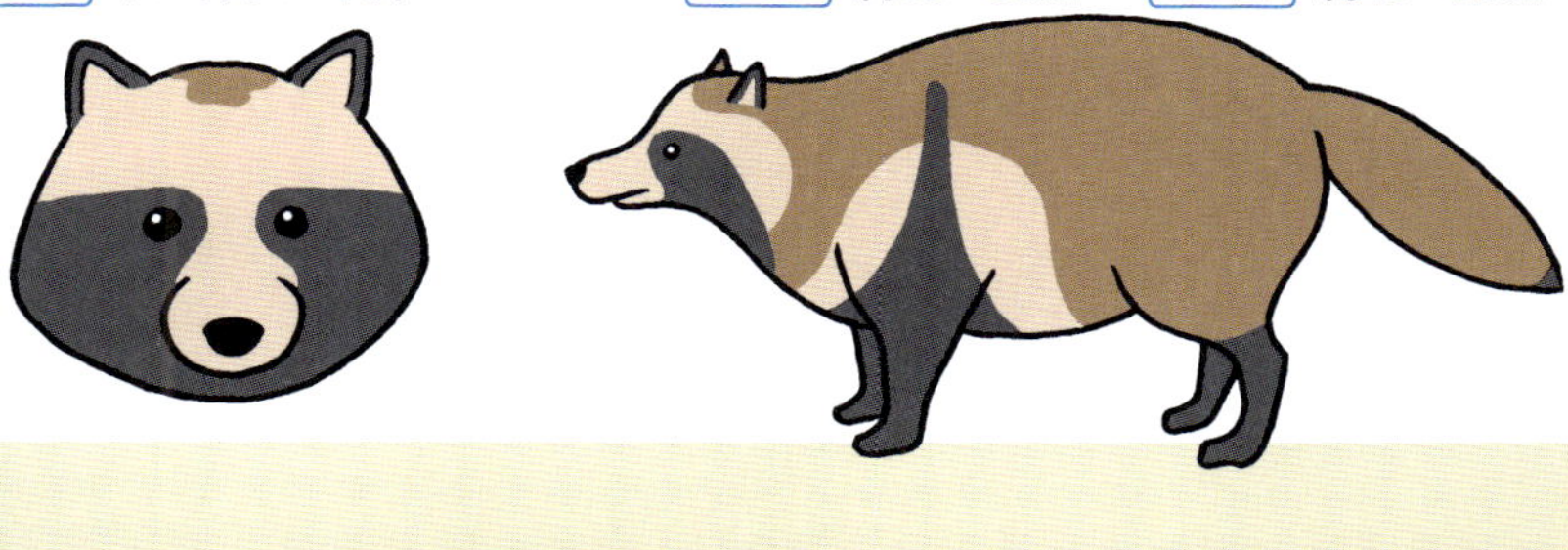

小型動物

ウサギ

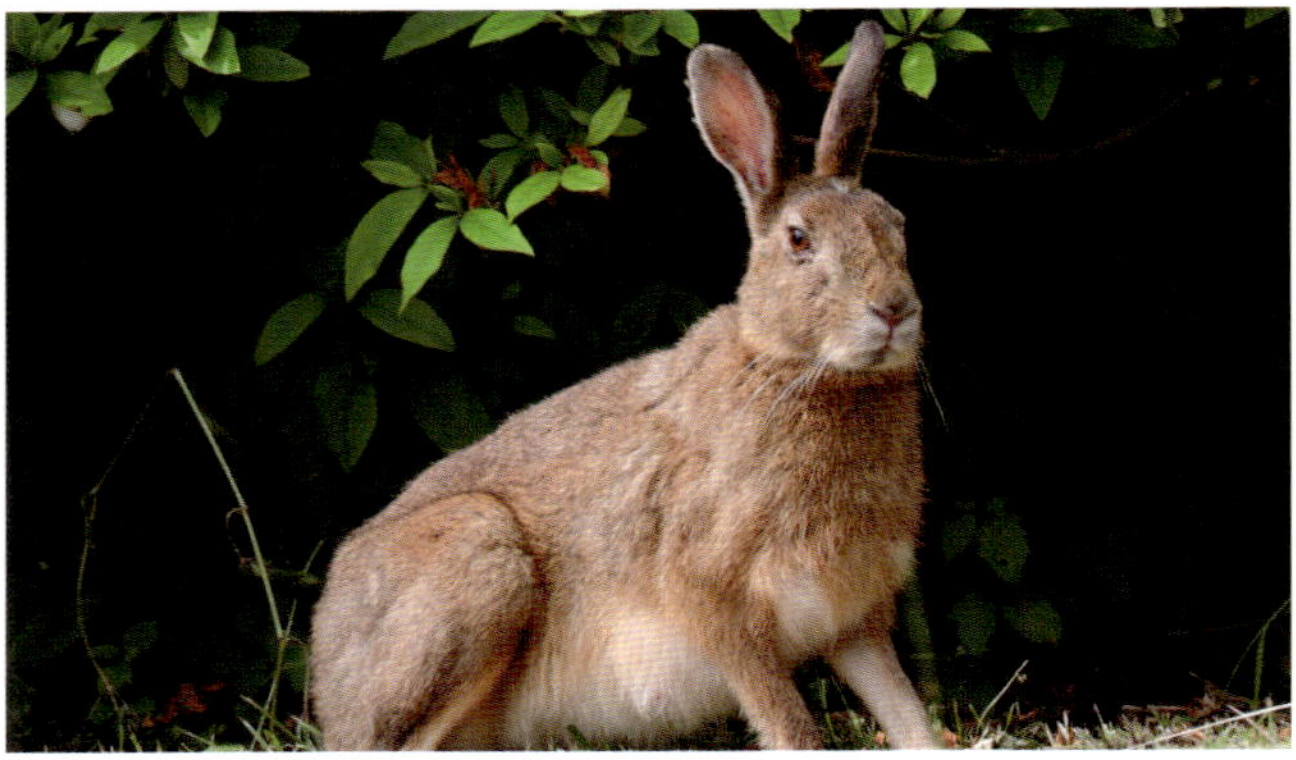

日本ではペットとしてのウサギの方が馴染みがありますが、野生動物としては、在来種のニホンノウサギと、絶滅危惧種であり国の特別天然記念物のアマミノクロウサギがいます。ノウサギは灰色や褐色等の毛色で、積雪地帯では冬には白毛に生え変わります。前歯（切歯）が鋭く植物の茎をカッターのように切ることができます。

Q 稲がウサギに食べられ、とても困っています。対策はありますか？

A まず、ウサギ以外の可能性も考えてみましょう。田植え直後の若い苗は野生動物にとって非常に魅力的です。中干しや収穫前後であればウサギは農地に侵入できますが、水を張った状態では侵入はむずかしいでしょう。水田近くでウサギを見かけた場合でも、水田には入らずに周囲の草を食べていた可能性があります。シカであれば体も大きいので、水を張った水田に侵入し、稲を食べることができます。シカの足跡がない場合、考えられるのがヌートリアです。元々彼らは水辺の生き物ですから水田の稲を食べることは簡単です。

絶対にウサギではないとは断言できませんが、他の動物の可能性も含めて被害対策を考えてください。ウサギやヌートリアであればトタンを張ることで侵入を防ぐことができます。ヌートリアもウサギも前歯が発達しています。ネットは噛み切られる可能性が高いので、ネットなどの素材選びには注意が必要です。

Q ノウサギの被害実態はどのくらい?

A ノウサギは本来、自然にある植物の葉、茎、芽を食べ、また、樹皮を食べることもあります。要は植物であれば余程のことがない限り食べることができます。

森林内での林業に関する主な被害は、幼齢木の枝葉および植栽木の樹皮の摂食です。特に幼齢木への食害については主軸の切断をともなうため、成長を著しく阻害されます。

平成26年度の統計では、被害金額が5100万円、被害量800t、被害面積300haとなっています。

しかし、実際はノウサギの被害であることが分からない場合も多く、氷山の一角だと思います。

Q ノウサギを田畑に入れない柵はどのようにして作る?

A 基本は中型動物の対策と同じで良いと思います。ただ、ネット噛み切られることが多いので、こまめな補修が必要でしょう。

できればトタンやワイヤーメッシュの利用が望ましいですが、トタンは乗り越えられてしまう可能性があるので、手前に電気柵を設置することをおすすめします。

ワイヤーメッシュの場合は隙間を通られないように、なるべく細かい目合いを使ってください。すでにメッシュが設置されている場合は、ワイヤーメッシュを半分ずらして設置したり、金網を追加して通り抜けられないようにしてください。

Q 前に大きな足跡が横並び、後ろに小さな足跡が縦に2つ並ぶという、不思議な足跡を雪の上で見ました

A 不思議な足跡ですが、答えはウサギです。ウサギは飛び跳ねて移動します。前足を縦に前後についてから後ろ足をぴょんと前に出します。そのとき、後ろ足が前足を超えてしまいます。

したがって、前足が後ろ、後足が前に来る不思議な足跡になります。ウサギは後ろ足が非常に発達しています。足跡も後足の方がかなり大きいことが分かります。

特徴的な足跡なので、一度覚えてしまうと識別は楽ですね。

小型動物

モグラ

日本には4属7種のモグラ類が生息しています。代表的なモグラはアズマモグラ、コウベモグラ、ヒミズです。

実はモグラは肉食性で、植物は食べません。度々害獣としての扱いを受けていますが、農作物を食べるわけではありません。

ただし、水田の畦に穴をあけて水が漏れてしまったり、モグラの穴を再利用するネズミ類が農作物を食べます。

Q モグラは何でも食べる?

A モグラは完全な肉食と言ってよく、ミミズなどの地中にいる動物質を食べます。したがって植物である農作物は食べません。ダイコンなどがかじられ、そこにモグラのトンネルがあることを経験した方が多く、モグラに食べられたのだと勘違いしてしまうようです。

実はモグラによる被害ではなく、モグラのトンネルを利用するネズミによる仕業です。したがって、モグラは農作物を食べる犯人ではありません。

ただし、モグラのトンネルは農作物にとって厄介な存在です。農作物の栽培に適した肥沃な土にはミミズが集まります。そのミミズを求めてモグラがやってきます。植物の根は土に密着することで必要な栄養を吸収していますが、モグラのトンネルで土中に空間ができ、作物の根が浮いてしまい、十分に栄養分を吸収できなくなり、作物の生育に大きな影響を及ぼします。

Q 日光を浴びるとモグラは死ぬ？

A モグラは土の中から出てきても死にません。この噂は昔から言われてきました。どうやら、土の上でモグラが死んでいるのを見かけることが多かったために、人間が作り上げた想像だったようです。

モグラは先ほど述べた通り、肉食です。しかも相当な大食漢です。活動時間はほとんど餌を食べることに費やすと言っても過言ではありません。数時間でも餌を得られないと死んでしまうほどです。体のサイズは小さい割に、非常に長く、複雑なトンネルを掘ります。このトンネルに顔を出したミミズや虫を片っ端から食べて生きながらえる生活を送っています。

また、縄張り意識が強く、他個体に対して非常に攻撃的です。仮に他個体が自分のトンネルに侵入してしまった場合、徹底的に攻撃します。弱い個体は地上に追い出され、餌を得られずに死んでしまうこともあるでしょう。

Q ブルーベリー畑がモグラのトンネルだらけになった。どうして？

A ブルーベリーは比較的栽培しやすい果樹ですが、浅根という注意すべき特徴があります。浅根の植物は大量の用土を必要としないので、栽培管理上は便利ですが、モグラの対策上においては問題があります。ブルーベリーの根は、まっすぐ地下へ伸びる直根ではなく、細い根がマットのように広がります。そのため乾燥に弱く、根を保護するために厚めのフカフカな有機マルチ（落ち葉やワラなど）を敷き詰めてあげることが必要になります。

ただし、この環境はブルーベリーを守るだけでなく、ミミズが集まりやすくしてしまいます。ブルーベリーの根元にだけ有機物が多くなるので、ミミズも根元周辺に多く集まります。ミミズが多ければモグラも好んで寄ってきます。まさにモグラを誘引する環境になるのです。

根のそばにモグラのトンネルができると生育に影響がでますので、こまめにチェックして、地面を踏み固めて根が土から栄養分を吸収できるようにしましょう。また畑全体の土壌が均質であれば、根元にミミズやモグラが集中するのを防ぐことができます。

鳥類

カラス

カラスはもともと人との関わりが深い野生動物です。普段私たちが見慣れているカラスはハシブトガラス（写真上）とハシボソガラス（写真下）の2種類です。一般的にハシブトガラスは樹木や家など、立体的な環境を好み、ハシボソガラスは広い農地など、平面的な環境を好むとされています。しかし、明確な差はなく、どちらの種も同じ場所にいることも多々あります。両種とも全国で見られ、被害の出し方もほとんど同じです。被害対策についても、両種とも同じと考えていいでしょう。また、ハシブトガラスとハシボソガラス以外にもミヤマガラスがいます。このカラスは渡り鳥で、冬場に日本へやって来るので、被害はあまり報告されていません。

カラスは学習能力が高く、被害対策が厄介だと言われますが、被害を出す鳥類の中では大型なので、比較的目合いの大きなネットが使える強みがあります。また、意外とデリケートな動物で、羽が何かに当たるのを嫌いますので、この行動を考慮した被害対策も有効です。

Q 強力な磁石でカラスを撃退することは可能？

A 渡り鳥は磁力を感じ、方角を知ることができます。これは有名な話で、本やテレビなどでもくり返し紹介されています。この話が先入観となって、鳥は磁力を感じることができるので、磁石で方向を撹乱できると勘違いしてしまったのでしょう。鳥の磁力に関する事実を確認しましょう。

1 渡り鳥は磁力を感じることのできる種もいるが、餌を探すときは磁力を必要とせず、目で探す
2 多くの鳥は磁力利用して方角を知る能力を持っていない
3 カラスも磁力を感じない

どうでしょうか。これでも磁石を使ってカラス対策をしようと考えますか？ 仮にカラスが磁力を感じられるとしても、農地に設置された強力磁石に近づいたカラスには何も起こらず、作物を食べられてしまうでしょう。

Q 超音波でカラスを撃退することはできる？

A カラスは超音波を聞くことができません。人間は2万Hz程度の高音を聴くことができますが、カラスは8000Hz程度までの高音しか聞こえません。聞こえない音を嫌がることはできないので、効果なしと考えてください。これは鳥全体にも言えることです。鳥は基本的に超音波を聞くことができません。

Q カラスはイヌやサルより頭が良い？

A カラスは確かに学習能力が高い、頭が良いというイメージが強い動物です。しかし、質問のようなイヌやサルなどといった他の動物たちと比べ、どちらの頭が良いのかを決めることは非常に困難です。それぞれの動物に生活の仕方があり、必要とする能力も違ってくるためです。

カラスの脳は他の鳥に比べるととても大きいです。ニワトリの3倍以上の重さがあります。3倍といっても10g程度なので、重量はたいしたことはありませんが、大脳の比率が大きく、解剖、生理学的にも頭脳の高さが裏づけされています。

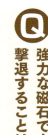

頭が良いということは、音や光など、忌避効果を狙ったグッズの効果は期待できないことになります。

Q トウモロコシをカラスに食べられ、被害対策を行ったが効果が得られない

A カラスの対策を行った後にカラスを見かけますか？ 以前に比べて飛来して来なくなったのであれば、対策は上手くいっていると考えていいと思います。それでも被害が発生しているのであれば、カラス以外の野生動物による食害の可能性が考えられます。

朝、畑に行くとカラスがトウモロコシをつついていたのになぜだと思う方もいるかもしれません。もちろんカラスがトウモロコシを食べていたのは事実です。しかし、カラスが荒らす前の夜間にハクビシンやタヌキなどの動物が荒らしているかもしれません。トウモロコシの食害痕を観察してください。カラスだけの被害であれば、トウモロコシが倒されることはほとんどなく、実の皮がくちばしによって髭部から細く割かれています。ハクビシンの被害であれば、トウモロコシはあまり倒れず、大胆に実の皮が破られます。タヌキやアライグマの被害であればトウモロコシは押し倒されているでしょう。

Q カラスにとって嫌いな匂いはある？

A 鳥類はもともと嗅覚が優れていません。したがって当然カラスも嗅覚は鈍く、臭いによる影響はほとんどないとさえ言われています。なぜならば、カラスの脳の嗅覚を司る部分が発達していないからです。このことは解剖学的にも証明されているようです。

したがって、カラスは臭いを嗅ぐことが得意ではないので、嫌いな臭いというものも、ないかと考えられます。仮にカラスに嫌いな臭いがあったとしても、学習能力の高いカラスに対して作物を守るための忌避効果はやはりないでしょう。

Q カラスの侵入を防ぐネットの目合いは？

A カラス対策の網目については、農研機構中央農業研究センターの吉田さんがカラスの通り抜

けられる目合いを調査しました。その結果、75㎜以下の目合いであればカラスの侵入を防げることが分かっています。

畜舎などの場合、ネットを使って完全に隙間をなくすことはむずかしいですが、夕方、カラスが外に出ようとして飛び立つときに、何度かネットに激突して外になかなか出られなかったのを見たことがあります。この畜舎は東側に出口があり、青いネットがかけられていました。東側の出口は夕方になると西側に出口がある畜舎よりも暗くなり、カラスにとって青いネットは目立たなかったようです。

カラスのくちばしが届かない対策は良い

Q カラスがやって来ないようにする方法を教えてください

A カラスは空を自由に飛び回ることができるので来ないようにするのはとてもむずかしいことです。おいしい餌がある魅力的な場所だとカラスが意識すれば必ずやって来ます。カラスを来させないようにする方法はありませんが、カラスに来たいと思わせない場所を作ることは可能です。

カラスの餌を少しでも少なくするために、ゴミ集積所の管理、放任果樹の除去、ひこばえ管理などをしっかりと行います。農地はカラスが物理的に入れないようにネットをするか、飛ぶときに広げた羽が引っかかって嫌がるように、テグスを1m以下の間隔で張ります。

畜舎であれば、こまめに掃除を行って家畜の残餌を除去することが大切です。カラスは雑食なので、ウシの出産後の胎盤などの味を覚えてしまうと、幼いウシの肛門をつついて腸を食べたり、目をつつくようになるので注意が必要です。

鳥類

ヒヨドリ・スズメ

ヒヨドリ（写真上）は全長25㎝程度の大きさです。秋に北から西日本へ渡りを行います。基本的に果実（液果）を好みますが雑食です。ヒヨドリと同じサイズのムクドリと間違われることもあります。ヒヨドリはカンキツを好みますが、ムクドリはカンキツを食べません。ムクドリはカンキツに対する消化酵素を持たないのでカンキツを食べません。渡りの途中で農作物に被害を与えるため、被害は冬場に多く、キャベツやブロッコリーの葉も食べます。飛び立つときにブロッコリーの花蕾にふんを落とすため商品にならなくなる被害も多いようです。

スズメ（写真下）は全長15㎝弱、体重は20～25g程度の小柄な鳥です。スズメは雑草の種子を主に食べます。種子食なので、水稲などの穀物が被害に遭います。

ヒヨドリやスズメは体が小さいため、防除ネットも目合いの小さいものを選ぶ必要があります。また、多少、羽にネットやテグスが当たっても無理やり入り込もうとする点はカラスよりも厄介です。

Q スズメは1年でどのくらい増える？

A スズメは5個程度（4～8個が多い）の卵を産みます。12日で孵化しますが、カラスやヘビに捕食されることも多いので、順調に育つ個体は少ないと考えて良いでしょう。スズメは1年間に1～3回産卵します。冬場は繁殖しません。条件が良ければ増えやすい鳥ですが、近年は巣を作ることのできる環境が減り、減少傾向にあります。

Q スズメはどのくらい餌を食べる？

A スズメは1日に体重の4分の1以上の餌を食べると言われています。スズメの体重は比較的体格が良い個体で25g程度ですから、1日に6g～7g程度、どんなに多くても10gを超えることはないでしょう。

このことから被害量を計算すると、1haの水田に100羽のスズメが20日間飛来しても収穫量の0・2％程度の被害量となります。

Q スズメやヒヨドリなど鳥類による被害に悩んでいます。追い払う方法はある？

A 空を自由に飛ぶ鳥は全方位から農地への侵入が可能です。前後左右だけでなく上からの侵入にも備えなければなりません。したがって、「鳥による被害対策は大変だ！　何か良い方法はないか？」と考えてしまいます。しかし、被害対策に魔法はありません。簡単に追い払えるようなものはないので、鳥のサイズや行動に合わせて物理的に侵入を防がなければなりません。まず、被害を防ぎたいと考える皆さんには、この事実を受け止めてもらわなくてはなりません。鳥害対策の研究者は農業者の負担を少しでも軽くするために、簡易な鳥害対策ネットの張り方や使い方を研究して、普及しています。

スズメによる水稲の被害。小さなくちばしで米粒を割っている

Q ヒヨドリとスズメの被害を防ぐには、どんなネットがおすすめですか？

A スズメは20㎜以下の目合いを通り抜けることができません。ヒヨドリは体長でスズメの2倍、体重で3～4倍あります。したがって、スズメが入れない目合いのネットを使用すれば、両者の侵入を防ぐことができます。

市販の20㎜目合いのネットを実際に測定すると20㎜以上あるようです。誤差の範囲としているようですが、スズメにとっては大きな違いとなります。ネットを選ぶときには、目合いを測ってからの購入をおすすめします。

Q 10㎜目合いの金網にスズメが侵入し、被害に遭いました。しかし、金網の破れは見当たりません。原因は何でしょうか？

A 金網の地際をよく点検してみてください。小さな隙間があいていませんか。雨で水道（みずみち）ができたりするとそこから侵入されることがあります。

また、すべてのスズメができるのかどうかは分かりませんが、スズメの中には地際を掘って侵入する個体もいるようです。このような行動は相当その餌場に固執している場合だと考えられますが、スズメも掘る能力を持っているようですので注意が必要です。

Q ヒヨドリとムクドリの見分け方について教えてください

A ヒヨドリもムクドリも広範囲で生息し、よく見かける鳥ですが。鳥にあまり興味のない方は両者を混同してしまうようです。

見分け方ですが、体の色は、ヒヨドリが青灰系、ムクドリは白灰色系です。くちばしの色を覚えておくのも良いでしょう。ヒヨドリはくちばしと足が黒っぽいのに対し、ムクドリはくちばし全体、足が黄色です。

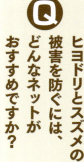

また、鳴き声が両者でかなり違います。ヒヨドリは「ヒーヨ」と鳴きますが、ムクドリは「ギャーギャー」とうるさく鳴きます。

ムクドリは大群で市街地の街路樹に集まりますが、深刻な騒音問題になっています。

Q 育てているキャベツにネットをかけたがヒヨドリの被害に遭いました。どうすれば良い？

A 柵やネットなどを張ったときは、動物が直接作物に触れられないようにすることに注意して下さい。これは、被害対策全般に言えることです。

キャベツに直接、ネットをかけてしまうと、ヒヨドリはキャベツを食べることができます。ヒヨドリがネットの上に乗った時、くちばしよりも長い空間をキャベツとネットの間に設けることが重要です。

忌避剤の使用を求める声もありますが、ヒヨドリに効果のある音や光等は今のところありません。すぐに慣れてしまいます。

Q スズメが減少していると報道されていました。もっと個体数が減れば被害も減る？

A 確かに、スズメによる被害が減少する可能性はあります。しかし、スズメが減りすぎると他の被害に悩むことになるかもしれません。

スズメは被害を起こす害鳥という側面と植物に食べる害虫を捕食してくれる益鳥でもあるのです。スズメが減りすぎたり、完全に防除してしまうと、害虫による被害が大変なことになるかもしれません。

Q ネット以外にヒヨドリから被害を守る方法は？

A 10年以上前に愛媛県果樹試験場で行われた果実袋に関する研究を紹介します。

白、赤、青緑の紙製の果実袋を果実に被せて被害状況を調査しました。その結果、青緑の袋の被害が非常に少なくなりました。上空を飛んでいるヒヨドリが青緑の袋は葉野の色に似ているので、果実が実っていると認識しにくかったのでしょう。しかし、青緑の袋で覆った果実は果皮の色つきがあまり良くなかったようです。

鳥類

キジ

キジは、キジ目キジ科に分類される鳥です。日本産のキジとする説と、ユーラシア大陸に分布するコウライキジの亜種とする説がありますが、国際的には、コウライキジの同一種とされています。日本では本州、四国、九州に分布しています。北海道や沖縄では狩猟目的で大陸原産のコウライキジが放鳥され、野生化しています。山地から農耕地まで幅広い地域の草地で生活しています。地上の移動を得意とし、飛翔能力はそれほど高くありません。主に植物性のもの(草の種子、芽、葉)を食べますが、昆虫も食べます。

体重はオスが1kg前後、メスが0・7kg前後です。コウライキジと呼ばれる大陸産の個体はもう少し大きくなります。オスは鮮やかな緑色で目の周りに赤い肉腫があります。繁殖期には「ケーンケーン」と高い声で鳴いてメスを呼びます。メスは褐色の地味な姿をしています。非常に警戒心が強い鳥で、すぐに繁みに隠れます。しかし、茂みでの抱卵時は人間が近づいてもギリギリまで卵を抱き続けます。卵は春から初夏にかけて8個前後生みます。

Q サツマイモ畑を約50㎝のネットで囲えばキジから作物を守れる？

A 必ずサツマイモを守れるとは言い切れませんが、キジの行動を考えると、サツマイモ畑を守れる可能性はあります。

　キジは地上を移動する方が飛ぶよりも得意な鳥です。飛翔能力が発達していないため、非常に警戒心が高い鳥でもあります。キジは草丈がそれほど高くない耕作放棄地など、密に草が生い茂っている場所を隠れ場所としたり、産卵場所に選びます。巣に戻るとき、バタバタと目立った飛翔で、巣のそばに降り立つと天敵に狙われてしまいます。そこで巣からかなり離れたところから茂みの中を歩いて移動し巣に戻ります。

　地面が見えないほど密に栽培しているサツマイモ畑ほど、キジの被害に遭いやすいようです。おそらく巣や隠れ場所、餌場になっているのでしょう。キジはサツマイモ畑の周辺から目立たぬように歩いて侵入します。そのときに通り抜けられないネットがあれば、キジがその場所を利用しなくなる可能性は十分にあります。

Q どのような作物がキジの被害に遭う？

A キジの被害報告は少ないので、それほど目立ちませんが、大豆の新芽を食べられる被害などがあります。また、沖縄地域では、狩猟のために放鳥されたコウライキジが繁殖し、農作物に深刻な被害を与えています。石垣島ではイノシシ被害をキジの被害が抜くのではと言われているほどです。被害に遭う作物はカボチャやイモ類、パイナップルなどです。カボチャやパイナップルを外側から強い力でつつき、穴をあけてしまいます。

Q キジはあまり飛ばず、警戒心が強いそうなので音や風車で追い払える？

A 沖縄ではキジの被害に困っており、すでに音や風車などを設置し対策を取ったそうですが、次第に慣れてしまい効果は限定的だったようです。また、地上で卵を生むので、卵を取ってしまう取り組みも行われているようですが、こちらもどこまで効果があるかはまだ分かっていません。

鳥類

カワウ

カワウはカツオドリ目ウ科に属します。ウミウとカワウは非常によく似ているため、識別がむずかしいです。

カワウは水産資源を食べ、漁業被害を発生させます。カワウは食欲が旺盛で1日に500gの魚を食べると言われています。特定の魚を好んで食べるというより、季節ごとに取りやすい魚を獲って食べるようです。集団性が強い鳥のため、数万羽のねぐらができることもあります。

カワウのねぐらや繁殖場所は大量のふんが排泄されるため、植生や景観が損なわれることも問題視されています。

Q カワウはなぜアユばかり狙うのでしょうか？

A カワウはアユばかりを狙う鳥ではありません。非常に大食漢であり、獲れる魚はどんどん獲って食べる鳥です。漁協がアユなどの放流をしていない地域のカワウの食性を見ていると、実に多種多様な魚を餌にしていることが分かります。ある調査では、カワウは32科65種もの魚を食べ、魚の好き嫌いよりも捕まえやすい魚をその時々で捕食していることが分かりました。放流される場所ではアユの密度が高く、また、他の魚に比べて捕まえやすいという理由でカワウはアユを食べているのです。アユ以外の魚も多く生息している河川であれば、カワウもアユ以外の魚も捕食するでしょう。

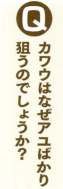

Q カワウ対策はどうすればいい？

A 河川の上にロープやテグスを張ってカワウの侵入を物理的に阻止することや、魚が逃げられるように草などで水面を覆うことも有効です。特に川の護岸工事が行われている場所は、魚の逃げ場がないので、このような対策が必要でしょう。

Q カワウの被害が大きくなったのはなぜでしょうか

A 昔は、カワウが人間に役立つ鳥だと考えられていました。カワウの大群が一ヵ所に集まって排泄したおびただしい量のふんを農家が集めて畑の肥料として利用しました。現在は養鶏場から出る鶏糞が手軽に手に入るので、カワウの必要性がなくなりました。その結果、昔は益鳥、今は糞害を引き起こす害鳥となったのです。

さらに近年はアユなどの養殖魚などを食い荒らす害鳥として大きな問題になっています。

魚業被害の要因は、人工的で直線的な護岸工事のために魚の隠れ場所がなくなったこと、養殖魚以外の天然魚の繁殖環境が低下し、カワウが養殖魚を狙い機会が増えたこと、河川の開発で遡上性魚類が激減したこと、カワウが狭い魚道で集中的に魚が得られるようになったこと、内水面漁業の形態が変化し、大量のアユなどの放流がカワウの餌条件を向上させたこと、環境管理をともなわない不適切な追い払いが分布を拡大させてしまったことなどが複合的に絡んでいると考えられています。

Q カワウとウミウの見分けがつきません。どうやって区別する？

A カワウとウミウは非常に良く似ています。遠くから見分けられる人はかなりのエキスパートでしょう。

ウミウの方が少し緑がかった光沢があるそうです。もう少し分かりやすい違いは黄色いくちばしの先ではなく根本、口角の辺りです。よく見ると、カワウは、丸みがあって尖っていないラインですが、ウミウの口角は黄色い部分が尖って「くの字」のようなラインです。やはり識別はむずかしいですね。

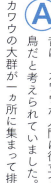

農村伝説 ―サル編

「サルは拝んで命乞いをする」

猟師さんからよく聞かされました。有害駆除のために銃口をニホンザルに向けると手を合わせて拝むから打てないとのこと。この噂は日本中に広まり、一般にも信じる方が増えました。しかし、サルをいくら観察しても拝むサルはいません。ただ、拝んでいるように見えなくもない行動はあります。両手で小さな食べ物を持って食べているときはまさにそうです。イノシシやシカは座っていても前足は地面についています。サルは座っていても前足を使って様々なことをするので、両腕を挙げたときに拝んだように見えることもあります。他の野生動物と違い、遺伝的にも容姿も人間に近いサルを撃ちたくない優しい猟師さんがなんとか撃たずに済むような口実として考えたのであれば、この伝説は信じてもいいですね。

番外編

データで見る鳥獣害

全国の野生鳥獣による農作物への被害金額は、平成26年度191億3400万円に上りました。このうち獣類のイノシシ、シカ、サルによる被害が全体の7割を占めています。また、特に被害額の大きい都道府県は、北海道、福岡県、長野県、山形県、宮崎県などでした。

増大する鳥獣害を食い止めるために、各自治体では様々な対策や支援措置が取られています。対策の基本Q＆A（P.43）でも紹介した鳥獣被害対策実施隊を設置する市町村の数は平成27年に1000を超えて急増しています。

野生鳥獣による農作物の被害金額と割合（平成26年）

被害額合計　191億3,400万円

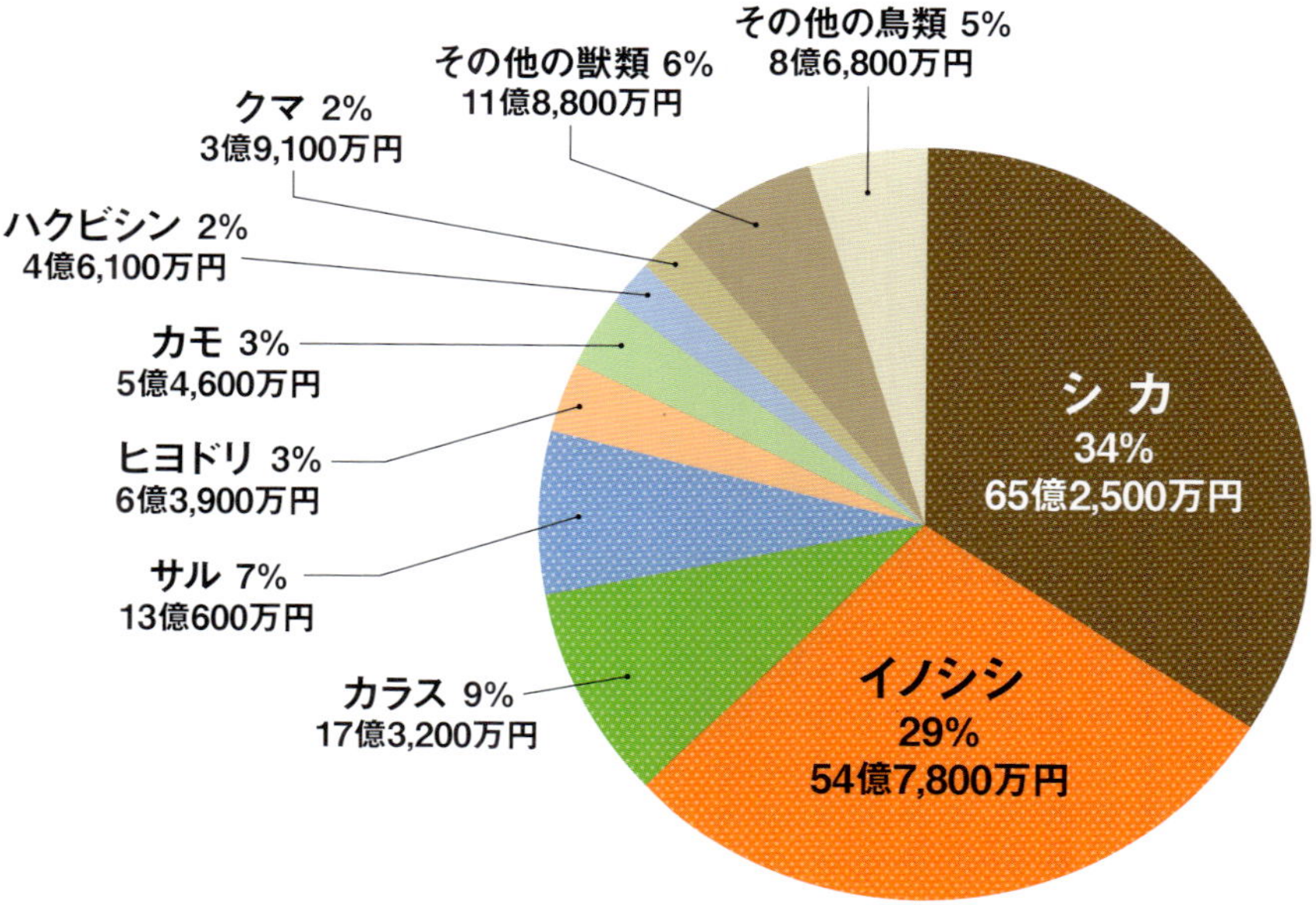

参考：農林水産省「野生鳥獣による都道府県別農作物被害状況」（平成26年度）

鳥獣被害額の多い都道府県（平成26年）

※鳥獣被害額が年間1億円以上の道府県数は40。鳥獣別の内訳では、北海道はシカ（95%）、福岡県はイノシシ（44%）、山形県は鳥類（57%）が最も多い。

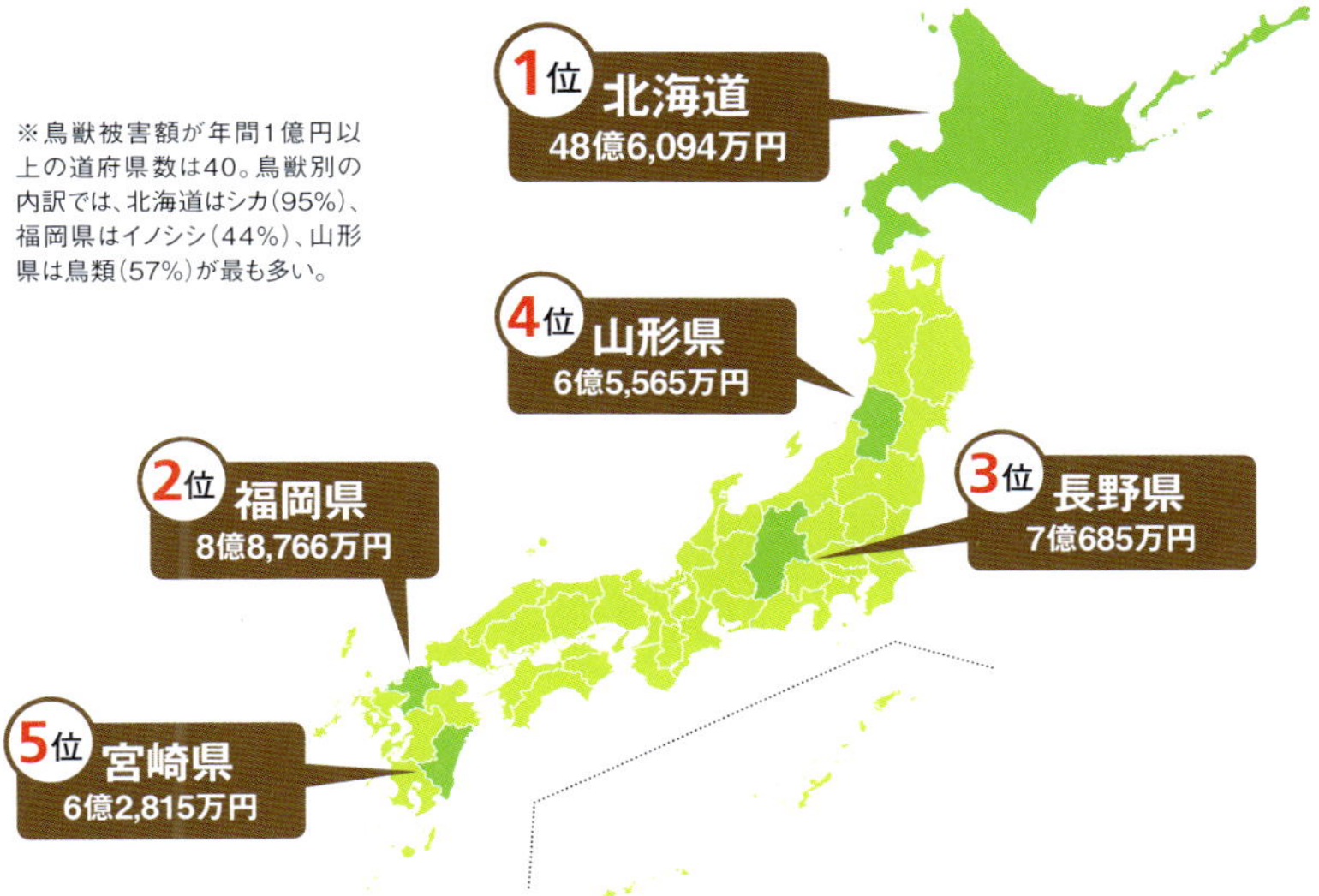

参考：農林水産省「野生鳥獣による都道府県別農作物被害状況」（平成26年度）

鳥獣被害対策実施隊を設置する市町村数の推移

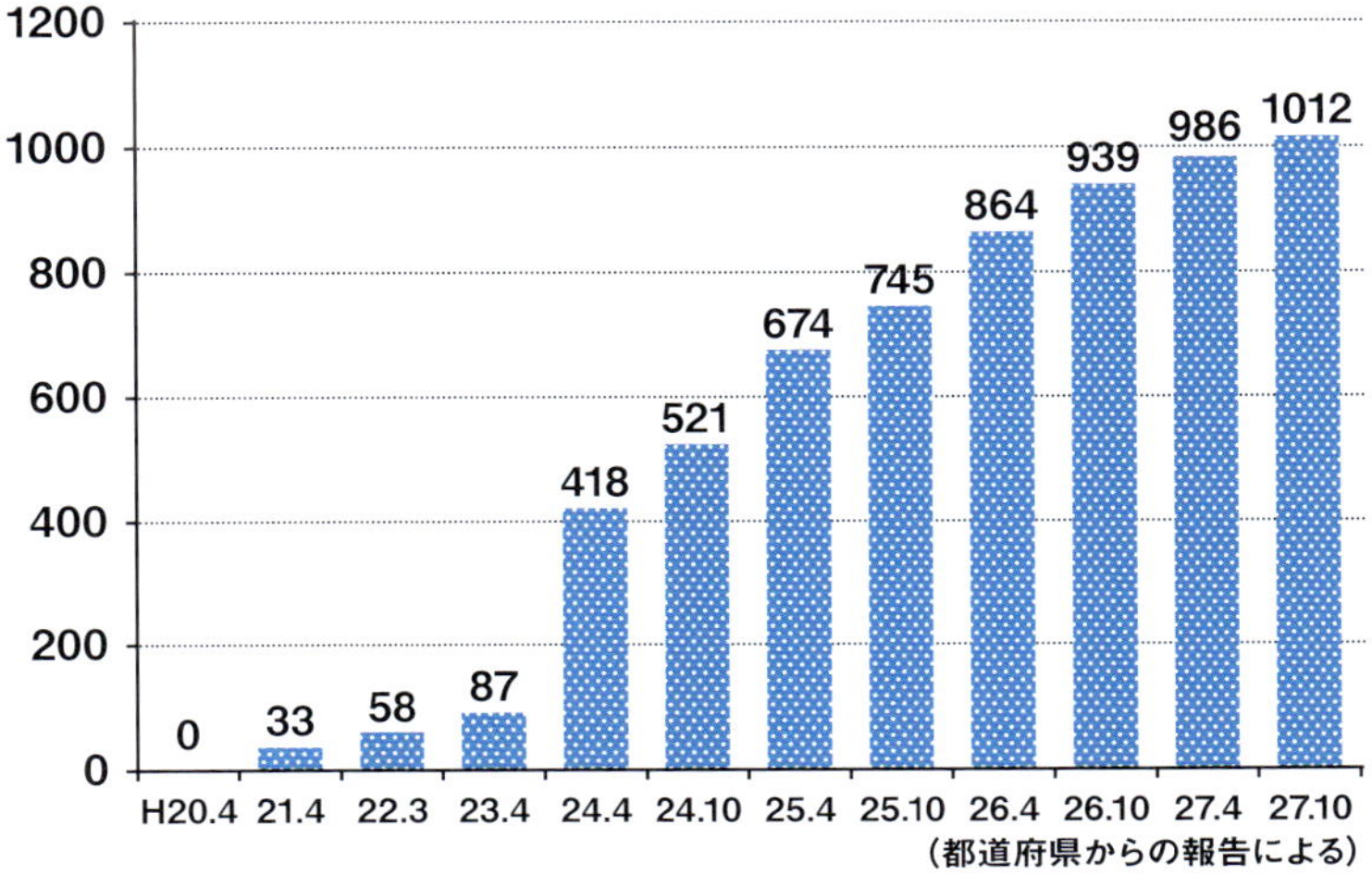

参考：農林水産省「鳥獣被害の現状と対策」（平成28年3月）

地域で取り組む鳥獣害対策

鳥獣害対策は1人で取り組むより、地域で取り組むことでより効果を得ることができます。しかし、地域で取り組むには様々な問題と向き合わなければなりません。番外編として、地域で鳥獣害対策に取り組む人々から寄せらせた質問をご紹介します。

Q 被害対策は集落ぐるみで行うべきと聞いたが、意見の集約ができない場合はどうすればいい？

A 集落ぐるみで侵入防止柵などを整備したとしても、集落規模の大小によって設置後の維持管理（メンテナンス）ができる地域とできない地域があり、また、道路や水路、河川などで集落が分断している地域もあります。集落ごとに環境が違っているので、必ずしも集落を1つのグループにする必要はなく、効率良く被害を抑えるグループを作ってほしいと思います。1集落に多数のグループがあったしても、それぞれが被害対策などについて同じ方向を向いていれば集落ぐるみの取り組みと言えると考えます。集落を囲いきれない場所については、個別の圃場を守る対策で問題ありません。

まず、地域で何ができるのかを考えてください。被害対策は、既製品ではなくオーダーメード品を買うのに似ています。

意見がまとまらない場合は、自ら圃場を守りたい人に技術を提供して被害を防いでみましょう。それが上手くいくと、周辺の人が被害対策の方法をこっそり学んでいく事例が多く見られます。このような状況が少し広まったときに、再び地域で守る対策を提案しても良いと思います。

Q 地域のリーダーがいないと集落ぐるみの対策はできない？

A 広い地域で事業を活用するとなると、リーダーの存在は必要かもしれません。皆さんの考えるリーダーは、住民の先頭に立ちグイグイ引っ張って指導的立場に立つ人と考えているかもしれません。確かにそのような方がいれば良いかもしれませんが、なかなかいません。「みんなで被害対策のために共通意識を持ちませんか」とご近所さんに伝えることからでも出発できると思います。そこから広がり、いつの間にかリーダーの役割を担っている方も多くいます。

　事業を利用して大規模な侵入防止柵を導入することになればリーダーは必要となりますが、個別に圃場を守るのであれば、リーダーは必要ありません。その地域でどのようなことができるのか、また、できないのかを現場で見極めて対応をしてください。

　地域ぐるみの対策において一番大切なのは、「他人の畑も、自分の畑のために守る」という意識を持つことです。野生動物が隣の畑に侵入したとき、「助かった」と思わずに、「隣の畑も守らないと自分の畑にも侵入するようになってしまう」と考えるような意識づけです。「お隣の畑の柵の扉が開いているから閉めてあげよう」などのおせっかいをみんなでやろうと決めるのも良いことでしょう。この意識を共有すれば、個別に田畑を囲っても互いに協力しあって集落ぐるみの対策が成功するでしょう。

非農家に被害対策の重要性を伝えるには小学校での出張授業も効果的

Q 住宅地が多く、営農者率も低い地域では罠の設置に合意を得られない場合が多いです。どうすれば地域住民の理解が得られますか？

A 非農家に、捕獲のような生命に直接関わる対策に抵抗があるのは当然だと思います。鳥獣害対策の講習を行ったとしても、参加してくれる非農家はまれでしょう。まずは野生動物のことに興味を持ってもらい、そして、地域に野生鳥獣が出没すると、どのような問題が起きるのかを想像してもらう機会が必要となります。

　例えば、県や市町村の担当者など、野生動物に詳しい方に小学校などで特別授業をしてもらいます。子供たちが楽しめる動物の話の後に、通学路などに野生動物が出没したときの対処方法を説明します。授業参観日に合わせると親も一緒に話を聞き、野生動物を身近に考える機会になります。

また、小学校の授業で行う農業体験などにおいて、クイズ形式で野生動物のことを説明すると子供たちの食いつきも良く、理解しやすいと思うので、工夫をしてみてはどうでしょうか。このような取り組みを行った上で、全住民を対象とした被害対策の講習をすると、参加者も増えるのではないでしょうか。

講習会では、防護柵の設置だけを考えるのではなく、見晴らしの良い集落作りや美しい集落環境作りなどを組み合わせた対策を提案するのも良いでしょう。散歩道の整備などの被害対策に関連する取り組みは非農家の人も参加しやすいのではないでしょうか。

実際にこのような流れの中で、農家以外の人から藪の刈り払いや柵の設置に協力したいという声が上がるようになった地域もあります。

Q 被害が少ない生産者にも集落ぐるみで取り組んでもらえる方法はある?

A 取り組みに理解がある人からできる対策を進めていけば良いのではないでしょうか。まずは、その農地の被害を無くすことです。最初は様子見の人も、それなりの成果が出てきたら自分も参加してみようとなるかもしれません。被害に大小はあっても、みんな心の中では被害はなくなってほしいはずです。取り組みに対し賛同する人が次第に増えたところで事業を使うかどうかを考えれば良いと思います。毎日汗をかいて一軒一軒畑を回っても地域ぐるみの対策に賛同を得られず困っている役場の担当者や農協の職員の方は、地域の人が集まる日に訪問して話をしていくと良いでしょう。そのような日を狙って少しずつ地道に話を進めると、意外と効果的なようです。

Q 隣人から「お前が柵を張るからうちの被害が増えた」と言われました。どうすればいい?

A 自分の畑を守ることは地域の畑を守ることにつながります。周りの人に被害が及ぶかもしれないと考えて柵で囲うことを遠慮するのは、正しい選択ではありません。それは間違った良心です。お隣のことだけでなく、地域全体を視野に入れて考えましょう。

あなたの畑を野生動物の餌場にしないということは、地域内の野生動物の餌場を減らすことにもつながります。少しずつでも被害対策を行う農家の数が増えていけば、その地域は野生動物にとって餌場としての魅力が無くなっていくのです。各農家で被害を防ぐことは可能ですが、地域で被害を抑えることはさらに重要です。地域でうまく防ぐことができないのは、地域での共通意識が構築されてないからです。必ずしもみんなが同じ対策をする必要はありませんが、被害対策に対する正しい考え方を持てるようにする機会は作るべきです。市町村役場に勉強会の開催を要望してみるのも良いでしょう。

Q 猟友会による捕獲任せで自ら対策に取り組む意欲が低い地域への働きかけはどのようにすべき?

A まずはこの地域が本当に被害対策に取り組む意識が低いのかを確かめてみましょう。人前で意見を言うことに慣れている方が大きな声で唱えていると、集落全体の意見だと錯覚してしまい、自分たちで農地を守りたいと考えている人たちが意見を言えないままになっている場合があります。人前では意見を口に出せない方々を見つけて、正しい被害対策の情報を伝え、まずはその人たちの農地をしっかりと守る手伝いをしてはいかがでしょうか。そこから周囲に広がり、最終的に地域の大部分が被害対策に取り組めるようになれば良いと思います。

Q 柵の維持管理を地域住民で行っているが維持管理のバラツキが目立ちます。どうしたらいい?

A 疑わしきは罰せずと言いますが、被害対策のための維持管理では、疑わしきは「補修・修理」です。柵の小さなほつれや隙間を、「まだ、このくらいの穴なら大丈夫」と考えてはいけません。野生動物はそこに目をつけ、必ず狙ってくると考えてください。

その被害、本当に野生動物の仕業?

被害対策の研修を行うと農家さんから「とうとう私の農地も被害に遭ってしまった。一体誰の仕業なのか調べてほしい」と頼まれることがあります。研修後、その被害現場へ行き、詳しくチェックすると野生動物の仕業ではないことがあります。そんな事例をご紹介します。

Q 収穫間際のブドウが被害に遭いました。ブドウの袋が破られ泥がついています。これは誰の仕業?

A ブドウ園は管理、被害対策ともにしっかりと行われていました。近くにある家は農地を見渡せる場所でイヌも飼われており、野生動物が侵入するにはむずかしい立地条件です。園内の足跡や棚の支柱などの登り跡も見つかりませんでした。

しかし、かなりの数の袋が破られ、ブドウの房がなくなっていました。破られた袋はどれも泥の跡がはっきりと付着していました。仮に足に泥がついていたとしても、ブドウ棚を登り、棚の上を渡り歩きながらいくつも袋を破れば、次第に泥汚れは薄くなるはずです。ところがどの袋もしっかり汚れています。さらに、破られた袋の状態も、引っ張って破られた跡や、引き裂かれて開けられた跡など、まちまちでした。

また、被害に遭った割にはブドウの皮や房がそれほど落ちていません。農家さんに片付けたのか聞くと、片付けてはいないとのこと。房の切れ目をよく見ると、刃物を使ったようなきれいな切り口のものが多い。はさみで切ったかのように噛み切る動物もいますが、これだけの状況証拠を総合すると、人間がわざと破った袋を汚して野生動物の仕業に偽装したのだと考えられます。

Q サルにミカンを食べられたので柵を張ったが、扉を開けられた。鍵をするべき?

A ずいぶん前のことですが、このような相談を受け、不思議に思いながら現場に向かいました。基本的に、扉に鍵をかける必要はないと考えていたからです。扉の留め金が弱いのか、扉の閉め忘れではないかと考えましたが、農家さんは絶対に閉め忘れではないと言います。

扉の留め金に問題はありませんでした。また、ミカンのへたが枝に残っている食痕からサルがやってきたのも間違いありません。しかし、これまでに行ってきたサルの学習能力の研究結果から、正しく設置された柵が、直後に扉を開けられて侵入されることは考えにくく、これが事実なら新たに調査しなくてはならないと思い、ビデオカメラを設置しました。

数日後、また扉を開けられて侵入されたと連絡を受け、ビデオをチェックしました。テープを巻き戻しながらチェックすると、確かにサルの群れがミカンを食べています。

さらに巻き戻してサルが扉を開ける場面を探しましたが見つかりません。最初の一頭が柵の中に入ろうとしたときにはすでに扉の留め金が外れているようでした。さらに巻き戻すと人影が映っています。ミカンを5つ6つ抱えて扉を閉めずに出て行きました。扉を開けたのはサルではありませんでした。このような場合は鍵が必要かもしれません。

Q 捕獲檻での捕獲が上手くいきません。餌として設置している新鮮な果実や野菜は確実に減っています。原因は何でしょうか

A このような質問に対して、現場が地元ではなく、すぐに行けない場合、餌の位置や捕獲檻のサイズ、扉は片側か両側か、周辺の環境や農地との距離、作物の種類など、様々な情報を聞き出しながら相談を受けます。また、近年では自動撮影装置が安くなり、購入しやすくなりました。役場が所有していることも多いため、捕獲檻に対する野生動物の行動を撮影したところ、動物は近づいてくるものの、警戒しており、捕獲できるまでもう少し時間が必要でした。その代わり、早朝に人がやって来て、餌として置いた野菜や果物を物色して、状態の良いものを持ち去っている様子が映し出されました。野生動物よりも人間を誘引していたようです。

今回紹介した事例は頻繁にあるわけではありませんが、心の隅に置いておくと良いでしょう。

イノシシ肉の資源化

「ジビエ」という言葉が広まり、野生動物の資源化・利活用に注目が集まっています。その味が評価される一方、「臭みがある」というイメージを持つ人は未だに多く存在します。イノシシ肉の資源化について寄せられた質問をご紹介します。

Q 夏のイノシシ肉はおいしくない？

A いいえ、おいしいですよ。「夏のイノシシはおいしくない、まずい、食えたもんじゃない」など、私もこれまでに多くの意見を聞きました。しかし、マズイのはイノシシのせいではなく、人間のせいであることがほとんどです。

哺乳類の多くは冬場、気温が低くなると、体を守るために、脂肪をためる働きを持ってます。したがって、寒い時期のイノシシも夏のイノシシより、脂肪を蓄えています。イノシシを食べ慣れている方は、良質なイノシシの脂を好むため、脂がのっている冬場のイノシシ肉がおいしいと言います。確かに、おいしい時期はあるようです。でも「まずい、食えたもんじゃない」と言うのは少し違うように思います。

肉の成分を調べると、夏場のイノシシ肉も冬場のイノシシ肉もほとんど差がありません。違いが認められるのは脂肪の量です。赤身肉自体はほとんど変わらないのです。動物の肉はそれまでに食べていた餌によっても味に差が出ます。晩秋に実るドングリを食べたイノシシの肉は高級食材です。餌によって肉の味は変わりますが、あくまでも、元々おいしいイノシシの肉がよりおいしくなる程度のことであって、食えないほどまずい肉になるはずがありません。また、女性には赤身の割合の多い肉の方が人気があります。夏の肉と冬の肉の差は肉質以上に捕獲方法や処理の差が大きいと思われます。

Q おいしいイノシシを捕獲するコツは？

A 一頭一頭比べれば、肉つきの良さや、年齢、性別など、おいしそうなイノシシを見分けることは可能ですが、おいしい個体をピンポイントで捕まえるのは相当な技術が必要です。また、そのような捕獲技術は被害対策における捕獲と違います。大切なことは被害を減少させるために適切に捕獲し、その捕獲個体をおいしく食べる工夫なのです。

Q イノシシ肉はブタ肉より肉によって味が違うのはなぜですか？

A ブタは遺伝的に均質な品種が長年の交配技術によって作出され、そこからさらに母ブタや種ブタが作出されます。この親ブタから生まれた子ブタが肉になります。遺伝的なばらつきが少ない上、同じ環境で同じ餌を食べ、同じ時期に肉になります。ブタは115kgを目安に出荷されますが、実は半年齢ですからまだ子供です。人間に慣れたブタはと殺場へ向かうトラックの中でおとなしく運ばれ、見事なプロの手さばきで精肉になります。

ところが、トラックで暴れる個体がいます。汗をかけないブタは体温が急上昇し、肉質に影響することもあります。過度に暴れたブタをと殺すると、白っぽく蒸れたような肉になり、廃棄処分になります。このような過程を経てブタ肉は流通するので、均質性が保たれます。

一方、イノシシは遺伝的にも、餌や捕獲時の年齢も、さらに捕獲方法もバラバラで、逃げ回るイノシシは体温が上昇してしまいます。

また、イノシシの解体技術にも個人差があります。このような問題を理解し、対処した地域は、ばらつきの少ないおいしいイノシシ肉を出荷しています。

Q 疥癬症にかかったイノシシの肉は食べられますか？

A 疥癬症はヒゼンダニがイノシシの皮膚の内部に寄生して発生します。体毛が抜け落ち、皮膚が炎症を起こします。ひどい場合には全身に症状が現れます。幼齢個体の致死率が高い一方、成熟個体の致死率はそれほど高くありません。しかし、成獣でも疥癬症状が出ているイノシシは免疫力が低くなり、抵抗力が衰えることがわかっています。このような個体は細菌や病原菌などが体内で増えている可能性がありますので、食肉としては不適です。

狩猟免許ガイド

鳥獣害対策は、たくさん捕獲したからといって被害が減るわけではありません。捕獲に頼らない被害対策の重要性は本書を通して皆さんに伝わったかと思います。それでも、どうしても狩猟免許が必要な方や、興味がある方は参考にしてください。

狩猟免許の取得について

狩猟をするためには、まず住所地の都道府県知事が行う狩猟免許試験に合格し、狩猟免許を取得することが必要だ。

狩猟免許は、猟具の種類に応じて、網猟、罠猟、第一種銃猟（ライフル銃・散弾銃、空気銃）、第二種銃猟（空気銃）の4種がある。

狩猟免許試験は、免許の種類ごとに各都道府県において毎年複数回実施されていて、各都道府県によって日程や回数が異なる。

受験資格は、年齢満20歳以上（網猟及び罠猟は満18歳以上）で、法律に定める欠格事由に該当しないことが求められる。

□**受験時に必要なもの**

①狩猟免許申請書（各都道府県のホームページよりダウンロードできる）

②医師の診断書（統合失調症、そううつ病、てんかん、麻薬や覚せい剤の中毒者でないことを証明するもの）または猟銃・空気銃所持許可証の写し（既に所持している場合）

③写真（縦3㎝×横2・4㎝）

④狩猟免許申請手数料　免許1種類につき5200円（既に他の種類の狩猟免許を有している場合は3900円）。

■**狩猟免許試験の内容**

・**知識試験**／法令や狩猟免許制度、猟具の種類や取り扱い、狩猟鳥獣、個体数管理、鳥獣の保護管理に関する知識が問われる。計30問、制限時間90分、正答率70％以上で合格。

・**適性試験**／罠猟・網猟の場合、両眼0・5以上、第一種、第二種銃猟の場合、両眼0・7、片眼0・3以上であること。10ｍの距離で90デシベルの警音器の音が聞こえること。四肢の屈伸、挙手及び手指の運動が可能であること。

・**技能試験**／免許の種類によって試験内容が異なる。70％以上の得点（減点方式で30点減点で失格）。鳥獣判別、猟具の取り扱い、目測の試験がある。第一種銃猟免許の場合、散弾銃の取扱い、団体行動時の取扱い、休憩時の取扱い、エアライフル銃の取扱いなどが含まれる。

猟具の所持について

■**猟銃を所持するための手続き**

①**猟銃等講習会**／公安委員会が開く「猟銃等講習会」を受講。申請には申込書、手数料6800円、写真が必要。講習後の考査に合格すると講習修了証明書が交付される（空気銃は⑤へ）。

②**教習射撃受講申請**／散弾銃とライフルは、講習修了証明書、教習資格認定

申請書等の必要書類と、写真2枚、手数料8900円を生活安全課に提出。資格審査を経て、教習資格認定証を受ける。

③**猟銃用火薬類等譲受許可申請**／教習射撃で使用する散弾実包購入許可を申請する。手数料は2400円。

④**射撃教習・考査**／②の認定証を受けたら、3カ月以内に射撃の教習を受講。費用は約3万円と、練習と検定を実施。安全な銃器の扱いができ、規定数標的に命中すれば、教習修了証明書が交付される（練習なしの技能検定もある）。

⑤**猟銃の仮押さえ**／所持する猟銃を決めて仮押さえ。銃砲店や（個人から譲り受ける場合は持ち主）から「譲渡等承諾書」をもらう。合わせてガンロッカーと銃弾ロッカーも購入する。

⑥**鉄砲所持許可申請**／生活安全課へ譲渡承諾書など必要書類と手数料1万500円を添えて提出。

⑦**所持資格調査**／警察官が猟銃とガンロッカーの設置場所を確認する訪問調査と、親族や近隣住民の身辺調査を実施。問題なければ所持許可が下りる。

⑧**猟銃受取り・確認**／生活安全課から所持許可証（仮）を受け取り、仮押さえしていた猟銃を引き取る。14日以内に猟銃を持参して生活安全課で、「猟銃・空気銃所持許可証」を完成させ、正式に所持許可を得る。

狩猟者登録について

狩猟をするには、出猟したい都道府県ごとに「狩猟者登録」を行い、狩猟税を納める必要がある。

狩猟は危険を伴う行為なので、3000万円以上の共済または損害賠償保険に加入するか、それと同等の賠償能力を証明することが必要となる。

狩猟者登録をすると、「狩猟者登録証」、「狩猟者記章（狩猟者バッジ）」、「鳥獣保護区等位置図（ハンターマップ）」等が配布される。

狩猟者登録は個人でも可能だが、猟友会の登録代行システムを利用すると、手続きがスムーズになる。

■狩猟者登録に必要なもの

①狩猟者登録申請書
②狩猟免許
③損害賠償能力（3000万円以上）を証明するもの
④写真2枚
⑤登録手数料　手数料1800円、第一種銃猟1万6500円（県民税の所得割の納付を要しない者1万1000円）、第二種銃猟5500円、罠・網猟の場合8200円（県民税の所得割の納付を要しない者5500円）。手数料や狩猟税の納付は、登録する都道府県ごとに必要。

狩猟者登録について

以上の経過を踏まえて、狩猟免許を取得し、猟銃や罠の所持許可証を得て、ハンター保険等に加入して狩猟者登録を行った上で出猟するには、諸手続きに必要な経費（猟具の購入を除く）の目安は、猟銃の場合は約11万円、罠や網猟の場合は約4万円。自治体によっても状況や金額は異なるので、よく調べてから準備を進めよう。

索引

索引

索引

あとがき

本書は雑誌「農耕と園藝」の連載「野生鳥獣による被害対策Q＆A」をまとめ、加筆、修正をしたものです。間違いだらけの被害対策を目にし、なんとかしなければという思いで連載がはじまりました。対策を間違えたのは現場のせいではありません。正しい情報提供ができていない私たち研究者や、行政の支援システムの不備、農家さんがこれまで経験したことのない不測の事態、色々な要因によるものです。

これまでに現場や被害対策の研修会で、農家さんや自治体の鳥獣害対策担当の方々から頂いた質問をまとめた本書が、被害対策を行う皆さんの疑問や迷い、不安をほんの少しでも解消できれば幸いです。

本書のQ＆Aの回答は、心から被害を減らしたいと考え、日々現場に寄り添い研究に励んでいる研究者や現場担当者の方々の知見も盛り込ませていただいています。私を導いてくれた吉本正先生、田中智夫先生、いつも笑顔で「500年に一度のアホ、好きにせえ」と支えてくれた最高の上司、井上雅央さん、10年後はこうありたいと常に私の目標になっている古谷益朗さん、尊敬する同年代の仲間、安田亮さん、上田弘則さん、山端直人さん、鈴木克哉さん、

赤井克己さん、そして、これからを担う堂山宗一郎さん、加瀬ちひろさん、まだまだ紹介したい方がたくさんいます。普段から、農家さんのためになるのであれば、お互いに情報を共有しようとお互いを認め合いながら研究を進めてきた先輩や仲間です。これらの方々の研究成果や知恵、経験を拝借させていただきました。この場を借りて心から感謝申し上げます。

本書を出版するにあたり、連載の担当になっていただいた、誠文堂新光社の坂本瑛恵さま、寺田千恵さま、さらには本書の編集にもご尽力いただきました堀内夏樹さまに感謝申し上げます。

今までに多くの農家さんからこのような声を聞きました。「作るより買った方が安い。行政は何もしてくれない」10回や20回ではありません。何百回聞いたことでしょうか。でも、このような愚痴を家や農地で何度も聞かされた子供や孫はどう思うでしょうか。「そうか、じゃあ農家になるのはやめよう」と考えるのは当然です。親が誇りを持って仕事をしていれば、子供も親の職業を尊敬し、憧れを抱きます。野生動物との知恵比べに勝ち、少しでも、「農業は楽しいぞ」と後継者に向けた言葉が増えることを願います。

江口祐輔

【著者プロフィール】 江口祐輔《えぐちゆうすけ》

イノシシの行動学を研究テーマに平成10年麻布大学大学院博士後期課程修了し、現在は農研機構西日本農業研究センター鳥獣害対策技術グループ長として、イノシシ、ニホンザル、ハクビシンなど、動物種に捉われることなく、野生動物の感覚・運動・学習能力等を行動学的手法によって解明し、現場の被害対策に役立てるべく研究を行っている。

カバー・本文デザイン…代々木デザイン事務所
イラスト ……………………有留ハルカ
編集協力……………………塩野祐樹、戸村悦子、プラスアルファ

本書は『農耕と園芸』（誠文堂新光社）にて、2013年3月号～2016年12月号まで連載された「野生鳥獣による被害対策Q＆A」に大幅な加筆、修正を加えたものです。

被害《ひがい》の原因《げんいん》は「間違《まちが》った知識《ちしき》」にあった！
本当《ほんとう》に正《ただ》しい鳥獣害対策《ちょうじゅうがいたいさく》Q&A

2016年12月15日 発 行 NDC 615

著 者 江口祐輔《えぐちゆうすけ》
発行者 小川雄一
発行所 株式会社誠文堂新光社
〒113-0033 東京都文京区本郷 3-3-11
（編集） 電話 03-5800-3625
（販売） 電話 03-5800-5780
URL http://www.seibundo-shinkosha.net/
印刷所 株式会社大熊整美堂
製本所 和光堂株式会社

ISBN978-4-416-61688-8